写真でつづる

ニホンザルの暮らしと心

岡山・神庭の滝の群れの60年

中道正之

大阪大学出版会

はじめに

　神庭の滝は、岡山県北部の山間にある中国地方で最大の名瀑です。神庭の滝からは、神庭川が流れ、滝から少し下った岸辺にニホンザルの餌場があります。

　今から半世紀以上も前の1958年の2月に、神庭の滝の周囲の山々で暮らすニホンザルの群れへの餌付けが始まりました。山から下りてきたサルたちは、昼間の何時間かをこの餌場とその周囲で過ごすようになりました。

　神庭の滝のサルたちには、名前がついています。1頭1頭のサルの顔を覚え、名前をつけることを個体識別といいます。1958年の餌付け開始のときから、半世紀以上も個体識別が続いているので、この群れで生まれたすべてのサルたちの生まれた年と月日がわかっています。

　神庭の滝の群れのサルの1頭1頭の名前はとても大事な情報です。「誰が誰と何をしたのか」を記録するためには、不可欠な情報です。神庭の滝の群れのサルには決められた名前の付け方があります。母ザルの名前の後に、生まれた西暦年の下2けたの数字を記入するという方法です。例えば、ペット92は、1992年に母ザルのペットから生まれたサルということです。でも、このような名前は、読者の皆さんが本書を読み進めていただくときに、それほど大事なものではないと思います。そこで、本文では、サルの名前を書かなくても、理解していただけるようにしました。どうしても必要なときには、ニックネーム（通称）を用いました。本書に掲載してある写真のサルたちの正式名称は、それぞれの写真の撮影年月日と一緒に、本書の最後の「写真に写ってい

1（前ページ写真）神庭の滝とニホンザル。冬の寒い朝、滝の周囲の木々は雪で薄っすらと白くなっています。餌場のサルたちは胸やお腹を陽に向けて日光浴をしています。写真中央左の岩の上のサルは、群れの第1位オス、通称ペット88'00で8歳のオスです。その下の岩に、生後半年の子ザルと一緒に座っているメスが、群れのメスの中で最も順位の高いメスで、通称ペット92、19歳です。右下はペット92の姪で、15歳、通称ペット88'96です。神庭の滝のサルにはすべて名前がついており、年齢と母系の血縁関係もわかっています。

るサルたちの名前一覧」のところで記載しました。そこで、Bera53'71'79'87'00'08'14のような西暦の下2桁がたくさん並んだ正式名称を見ていただくだけでも、神庭の滝の群れの60年という長い歴史を感じていただけると思います。

　ニホンザルのオスはオトナになる3、4歳から6、7歳の頃に生まれ育った群れを出ていき、ひとりで暮らしたり、別の群れに入ったりします。一方、メスは5、6歳頃から子どもを産み始め、多くは20代で生涯を終えます。その生涯をずっと生まれ育った群れで暮らします。だから、ニホンザルの群れの中にはたくさんのオトナのメスたちと子どもたちがいますが、オトナのオスはわずかです。

　群れの中で暮らすオトナのオスの間には明確な優劣順位があります。一番強いオスから最も順位が低いオスまで、順位の番号を付けることができます。一番強いオスは、かつてはボスザルと呼ばれていました。でも、山の中で群れが進む方向を決めているわけでも、群れの中でケンカが起きたときに仲裁をしているわけでもないので、今はボスザルとは呼びません。順位が最も高いオスという意味で第1位オスという呼称を用いています。オスと同じように、オトナのメスの間にも、はっきりとした優劣順位があります。

　個体識別が60年にもわたって行われてきた神庭の滝の群れでは、母と娘、姉妹、叔母と姪などの母系の血縁関係がわかっています。今、この群れで生

2　群れの第1位オス。1958年2月から観察が始まった神庭の滝の群れの13代目の第1位オス。通称ペット92'05、写真撮影時は8歳。7歳から13歳までの6年間（2012年7月から2018年7月まで）、神庭の滝の群れの第1位オスでした。

3 おとなのメスの集まり。左端の23歳のメス（通称マッチ）が生後3カ月の子ザルをふところに入れた20歳のメス（通称ペット79'87）に毛づくろいしています。この2頭の間に血縁関係はありません。右端は28歳の老メスで、中央のメスの母です（通称ペット79）。

きているどのサルも母の血筋を6世代から8世代 遡 (さかのぼ) れば、餌付け開始時の1958年に生きていたおとなのメス38頭の誰かにたどり着きます。サルだけでなく、サル以外の動物を含めても、半世紀を超えて個体識別が続けられている野生動物の群れは、世界中を探しても本当にわずかです。そのわずかな群れの1つが神庭の滝のニホンザルの群れです。

　私はこの群れで暮らすサルたちの姿を30年近く見続けてきました。母ザルの子育て、子ザルたちの成長、おとなになっても続く母と娘の関わり、優劣順位のある群れの暮らし、そして、老いたサルたち。歴代の第1位オスも登場してきます。私が撮りためてきた写真を通して、私が目にし、記録してきたサルたちのさまざまな姿をご紹介します。赤ん坊が誕生する瞬間の写真も、亡くなる直前の老ザルの写真もあります。1頭のサルの生涯を人のアルバム写真のように見ていただくこともできます。サルたちのさまざまなエピソードも写真と一緒に紹介します。だから、写真を見ていただき、そのわずかな解説文を読んでいただくだけでも、サルの暮らしと心を満喫していただけると思います。そして、そのどこかに、サルと人の近さを感じてもらえると思います。「サルは人の鏡」だと感じていただけるかもしれません。

　それでは、たくさんの写真を眺めながら、神庭の滝のニホンザルの世界を楽しんでください。

目次

はじめに 2

第1章 子ザルの四季——最初の1年 7
春——生まれたての赤ん坊｜夏——広がる子ザルの世界｜
秋——冬支度を整えた子ザル｜冬——初めての雪

第2章 子ザルたちの成長——1歳からワカモノまで 19
おっぱいをめぐる母ザルと子ザルのせめぎ合い｜
1歳の子ザルになっても続く背中でのおんぶ｜
弟、妹が生まれたとき｜おっぱいをあきらめきれない1歳の兄や姉｜
赤ん坊の妹と一緒におっぱいを飲む2歳の姉｜子ザルの遊び｜
赤ん坊に関わる年長のメスの子ザルやワカメス｜
オトナに近づいたワカメス｜群れを離れるワカオス

第3章 オトナのメスの暮らし 37
メスの一生｜母系血縁メスたちの結びつき｜優劣順位｜毛づくろい｜
出産｜死んだ赤ん坊を抱く母ザル｜怪我をした子ザルへの世話行動｜
養子を育てる｜草の根を洗って食べるメスたち｜老メスの体と暮らし｜
生後2カ月の孫の世話をする老メスのマッチ｜
1歳の孫の世話をする老メスのテラ｜老メスのバーチャンの最期

第4章 オトナのオスの暮らし 83
群れから出るオス、残るオス｜オスの順位と行動｜
オスの毛づくろい相手と交尾の相手｜
子ザルの世話をするオトナのオス｜ボス、それとも第1位オス？｜
第1位オスの変遷｜17年間も第1位オスであったリキニオ｜
群れに再び戻ってきたオス

解説　霊長類の特徴 124
ニホンザルとヒトは「進化の隣人」｜握る手、つまむ指｜
顔の前面に並んだ2つの目と毛のない顔

おわりに 135

付録　写真に写っているサルたちの名前一覧 141

1 子ザルの四季
最初の1年

4 新緑の中で白い水しぶきをあげて流れ落ちる「神庭の滝」と手前のサルの餌場。新緑の季節がニホンザルの出産期です。

5 雨の中で、誕生初日の赤ん坊を抱いている17歳の母ザル。母ザルに抱かれた赤ん坊は雨にほとんど濡れません。

春──生まれたての赤ん坊

　桜の花が終わり、山々が新緑でおおわれる頃、神庭の滝のニホンザルの群れに、赤ん坊が生まれ始めます。毎年、4月初旬から6月中頃までがこの群れの出産期です。

　ニホンザルの赤ん坊は、人の手のひらにのるほどの大きさで生まれてきます。体重は400グラムから500グラムほどです。母ザルの体重が8キログラムから10キログラムですから、母ザルに抱かれた赤ん坊は本当に小さく見えます。でも、赤ん坊の体重は母ザルの体重の5％ほどで、この値は、ヒトもニホンザルもほとんど変わりません。

　そんな小さな赤ん坊でも、生まれたその瞬間か

6 赤ん坊の指：手も足も親指が他の4本の指と向かい合っているので、ものをつかむことができます。赤ん坊は生後6週で、母ザルの頭に乗っています。

7 母ザルのお腹にしがみつく赤ん坊：(上)誕生初日の赤ん坊が歩いている母ザルのお腹にしっかりとしがみついています。(下)生後1カ月の赤ん坊が目を閉じて眠りながらも四足立ちの母ザルのお腹にしがみついています。

ら、自分の手と足の指で、母ザルの身体にしがみつくことができます。ヒトの手と同じように、親指が他の4本の指と向かい合っているので、ものを握ることができるのです。ヒトと違って、足の親指も他の4本の指と向かい合っています。だから、母ザルが歩くとき、生まれたその日の赤ん坊でも、母ザルが手で支える必要はありません。赤ん坊が母ザルのお腹にしっかりと4本の手足でしがみついています。母ザルが走っても、岩から岩へ跳んで川を渡るときも、他のサルとケンカしているときも、赤ん坊が振り落とされることはありません。赤ん坊は浅い眠りのときであっても、目を閉じて、母ザルの胸にしがみついていることができるようです。

　最初は母ザルのお腹にしがみつくだけだった赤ん坊も、生まれて1カ月もすれば、母ザルの背中にしがみついて、運んでもらうことが多くなります。

　胸にしがみつける赤ん坊は、自分で母ザルの乳首を見つけて、おっぱいを飲むことができます。サルの赤ん坊は生まれたときから、おとな程ではないのですが、目が見えています。でも、赤ん坊が乳首を目で見つける必要はありません。目を閉じていても、口や頬を母ザルの胸に押し付けて動かせば、突起物に触れます。それが乳首です。こうして見つけ出した乳首を口に含み、母乳を飲むことができます。口唇探索反射といい、生まれたときから備わっている能力です。赤ん坊が母ザルの胸に顔を押しつけて頭を動かしているときは、

8 母ザルの背中にしがみつく赤ん坊：赤ん坊は生後1カ月頃から母ザルの背中にしがみつくようになります。この赤ん坊は、生後2週間で背中に乗りました。とても珍しいことです。

9 仰向けで眠っている母ザルの胸にもたれて、うつらうつらしながらおっぱいを飲んでいる生後3週の赤ん坊。

乳首を探しているときです。サルだけでなく、瞼が閉じて生まれてくるイヌやネコなども含めて、すべての哺乳類の赤ん坊はこの能力を持っているので、目を閉じたり開いたりできるかどうかに関係なく、おっぱいを飲むことができます。

生まれた日の赤ん坊の顔は赤く、腫れぼったくなっています。母ザルの子宮から狭い産道を通って出てくるときに、強く圧迫されているので、このような顔になるのでしょう。ヒトの赤ん坊の場合と同じことです。でも、翌日には少し赤みも薄れ、腫れも引き、1週間も経つと薄いピンク色の顔になります。そして2、3週間も経つと、すっきりと白っぽい顔になっています。小さい体に、丸く大きな頭。白っぽい顔の真ん中に丸くて大きな2つの目。生まれた直後とは大きく異なり、誰もが「かわいい」と感じる赤ん坊です。

ニホンザルの赤ん坊が少しずつ歩き始めるのは、生まれて数日経った頃からです。そんな時期

10 1頭のオスの赤ん坊の誕生初日、生後6日目、17日目の顔：（上）誕生初日。赤く、腫れぼったい顔です。（中央）生後6日目。腫れはひき、白っぽい顔色になってきました。（下）生後17日目。白っぽく、すっきりとした顔になり、かわいく見えるようになりました。

11 生後1週目の赤ん坊の歩行訓練：（上）母ザル（7歳）が赤ん坊から少し離れて見つめます。（中央）赤ん坊が母ザルに向かって、少しずつヨタヨタと歩き始めました。（下）赤ん坊が到達すると、母ザルが赤ん坊を抱き上げます。

12 母ザルの制限行動：（左）母ザルが生後3週目の赤ん坊の足をつかんで、離れていかないようにしています。（右）母ザルが生後1週目の赤ん坊をしっかりと抱きしめて、離れないようにしています。

に、よく見られる光景があります。母ザルが赤ん坊を地面に置いて、少し後ろに下がって座り、赤ん坊を見つめます。このときに、唇をもぐもぐさせるかもしれません。赤ん坊はゆっくりと体を揺らしながら、ヨタヨタと母ザルに近づきます。母ザルのところまで到達すれば、母ザルが抱き上げます。歩く練習の終わりです。歩行練習をしなくても、赤ん坊はすぐにしっかりと歩けるようになるはずです。でも、このような母ザルと子ザルのやり取りが、母と子の結びつきを強くしていくのです。

さらに、1、2週間も経つと、赤ん坊はちょこちょこと歩きまわることができるほどになっています。そうすると、今度は母ザルが赤ん坊の足や手を持って、離れて行こうとするのを許さないことがあります。母ザルの制限行動と呼ばれるものです。母ザルが赤ん坊を胸に抱きしめて、外に出ようとする赤ん坊を離さないこともあります。これも制限行動です。近くにオトナのオスや母ザルよりも強いメスがいると、制限行動をよく行うようです。母ザルの心配な気持ちが手に取るようにわかるときです。特に、5歳や6歳の初産の母ザルは、何度も子育てを経験している母ザルに比べると、制限行動を頻繁に行うようです。

夏──広がる子ザルの世界

　赤ん坊が生まれ始めると、あちこちで、赤ん坊を抱えた母ザルたちがお互いに近くに座って過ごす姿が見られるようになります。母とおとなになった娘や姉妹のように普段から一緒にいることが多い同じ血縁のメスたちばかりでなく、赤ん坊を産むまでは一緒にいるのをほとんど見かけたことがないようなメスたちの間でも、赤ん坊を産むと一緒に過ごすようになることがあります。母ザルたちは毛づくろいをし合うこともあるし、少し寒い日には体をくっつけ合っていることもあります。赤ん坊を持つと、メスたちはお互いに引きつけられ、親しくなりやすいのでしょう。

13 赤ん坊を持った母ザルたちの集まり：（上）20歳の母ザルと11歳の娘の両方に赤ん坊が誕生しました。娘から母ザルへの毛づくろいの最中に、生後2カ月の赤ん坊たちが顔を外に向けています。（下）赤ん坊が誕生してから、急に一緒に過ごすことが多くなった10歳（左側）と6歳のメス（右側）。

14 母ザル同士が毛づくろいをしているそばで、戯れる生後2カ月と3カ月の子ザル。

15 幼い子ザルたちの集まり：生後2、3カ月の子ザルたちが岩や小さい木の枝に集まってくっついて座ったり、跳びはねたりしています。

　生まれて1、2カ月が経ち、かなりしっかりと動くことができるようになってくると、「赤ん坊」よりも「子ザル」の方がふさわしい呼び名に思えます。この時期の子ザルにとっては、母ザル同士が一緒にいてくれることは好都合です。母ザルの胸から出たら、すぐそばに、体つきも、運動能力もほとんど同じ子ザルがいてくれるのです。だから、子ザルたちは体をくっつけたり、触ったり、つかんだり、上に乗ったり、乗られたりします。まだまだ活発な遊びと言えるほどではないのですが、子ザルたちにとっては、お互いが興味を引く相手です。それまでは、母ザルが唯一の関わる相手であったのが、子ザル同士の新たな世界の始まりです。

　子ザルの運動能力は日増しに高まり、母ザルから離れて過ごす時間もどんどん増えていきます。そんなときに、一緒にいるのは、やはり同じ時期に生まれた子ザルたちです。子ザルが母ザルから

離れてひとりで過ごすのはちょっと難しい。でも、仲間が一緒ならばいろいろなことができます。母ザルたちから見えやすい岩の上に集まったり、小さな木の枝の上で、跳びはねたり、ぶら下がったり、あるいは落っこちたりします。子ザルたちは一緒にいることで、安心して、動き回り、楽しむことができるのです。誰かが、急に母ザルの方に走り始めると、他の子ザルたちも一斉に木から降りて、それぞれの母ザルのもとに走っていきます。子ザルはひとりでいると、不安になるのでしょう。

　木の上で一緒に動き回るだけではありません。仲間と一緒だから群れの中にいる大きなオトナオスに近づくこともできます。もちろん、オトナオスも近寄ってきた子ザルを、手で払ったり、つかんで投げたりなどの手荒な真似(まね)をすることはほとんどありません。

　2頭の子ザルが相手の体をつかむ、咬む、さらには、2頭が組み合う、このような遊びを行うことも生後2、3カ月の子ザルの頃から始まります。でも、もっと激しい取っ組み合いや追いかけっこのような遊びは、もう少し後になってからです。

　成長とともに、子ザルの世界が広がっても、不安になったり、怖くなったりしたときに戻るところは母ザルです。一緒にいることが一番多いのも母ザルです。一緒にいるときには、母ザルに抱いてもらって、おっぱいを飲むだけでなく、母ザルの体をおもちゃ代わりにもします。母ザルが横になって休んでいるときには、その体は子ザルのいいおもちゃであり、遊具です。母ザルの顔の上に乗りかかっても、お腹の上を動き回っても、母ザルは

16 集団の第2位オスの前に集まる生後2、3カ月の子ザルたち。

17 幼い子ザルの遊び：つかんだり、咬んだり、取っ組み合ったりの遊びをする生後2、3カ月の子ザルたち。遊びのときには声は出ません。

18 母ザルの頭にもたれる子ザル：生後3カ月の子ザルが仰向けになって毛づくろいを受けている母ザルの頭に乗りかかって、母ザルの体をおもちゃ代わりにしています。

19 オスの子ザル（上）とメスの子ザル（下）の区別：オスの子ザルの股には、まだ睾丸の入っていない袋がヒラヒラしています。

好きにさせています。

　歩いている子ザルを後ろから見ると、オスかメスかがすぐにわかります。2本の後ろ足の間から白っぽい三角の布切れのようなものが垂れ下がっていたら、これがオス。これは睾丸をおさめる袋なのですが、睾丸はまだお腹の中にしまわれています。4歳頃のワカモノに近づいてから、睾丸がお腹から降りてきてこの袋の中に納まります。こんな袋がなければ、メスの子ザルです。

　生まれてから1カ月が過ぎると、子ザルはおっぱいを飲むだけでなく、草や木の葉っぱなども少しずつ食べるようになります。ちょうど新緑の時期です。柔らかい緑の草や木の葉っぱが至る所にあります。最初は口に入れてもぐもぐしている程度だったのが、徐々に噛んだ後に飲み込むことができるようになります。草を取って食べている母

ザルの隣で、子ザルは母ザルの口から落ちた草の切れ端や食べ残しをつかみ、口に入れることもあります。母ザルと一緒に食べることで、子ザルは食べられる草や木の葉などを覚えていくようです。母ザルから離れて子ザル同士で同じものを一緒に食べることも生後2、3カ月から始まります。ひとりでは落ち着いて口に入れることができなくても、一緒だったら遊びのように楽しみながら食べられるようです。

20 食べることを始めた子ザルたち：(左)生後2カ月半の子ザルが、母ザル（10歳）の折り取った草を一緒に食べています。(右)生後3、4カ月の子ザルがイネ科の草を一緒にかじっています。子ザルたちは、母ザルや子ザル仲間たちと一緒に食べることで、食べ物を覚えます。

秋――冬支度を整えた子ザル

　神庭の滝の周りの山々が色づき始めると、ニホンザルの群れは恋の季節になり、おとなのオスもメスも恋に忙しくなります。群れが騒々しくなる季節です。

　春から初夏にかけて生まれた子ザルたちは、秋になると生後5、6カ月になります。薄茶色の柔らかい毛だったのが、おとなの毛のように色は灰色っぽくなり、しっかりしてきます。そして、乳歯もほとんど生えそろっています。寒くなる冬に備えるような体の変化です。もちろん、まだ母ザルに抱かれておっぱいを飲んだり、運んでもらったりしています。でも、昼間に母ザルにくっついている時間は半分ほどに減っています。母ザルの背から降りて、母ザルと一緒に歩くことも多くなります。草や木の葉などを、どんどん食べるよう

21 紅葉におおわれた晩秋の神庭の滝

22 晩秋の夕方、生後7カ月の子ザルは母ザル（11歳）にくっついています。子ザルの毛は、生まれたときの茶色っぽい色から、母ザルと同じような灰色に変わりました。

27 雪が降る中の母ザル（7歳）と生後8カ月の子ザル：母ザルの頭と背中は雪で白くなっても、抱かれている子ザルは白くなりません。

が大事です。母ザルに抱いてもらうことは、おっぱいを吸えるだけでなく、暖かくしてもらえるということです。長い毛と綿毛の2種類の密な毛でおおわれたオトナのニホンザルは北国の冬にも耐えることができます。しかも、オトナたちは寒い日には体をくっつけてサル団子を作り、寒さをしのいでいます。そんな母ザルの胸の中に抱いてもらっていたら、子ザルたちも十分に寒さに耐えることができ、初めての冬を越すことができます。多分、母ザルにとっても子ザルを抱いていると、湯たんぽを抱えているように暖かいと思います。

　神庭の滝のニホンザルの群れでは、冬までに母ザルが死んでしまうと、ほとんどの子ザルたちは冬を越すことができませんでした。初めての冬を耐えて、再び春を迎えるためには、母ザルの温もりが必要なのです。

28 母ザルと子ザルらのサル団子：寒い冬の夕方、母ザル（16歳、右）と7歳の次女（左）と5歳の三女（中央）が体をくっつけて「サル団子」を作っています。次女には、2歳半の娘がくっついています。三女には、生後6カ月の子ザルがくっついておっぱいを飲んでいます。

子ザルたちの成長
1歳からワカモノまで

29　おっぱいを飲もうとする子ザル：（上）1歳になった子ザルが母ザルの胸に手をゆっくりと伸ばして、乳首に少しだけ触りました。（下）母ザルが手で押し退けたりしなかったので、今度は、ゆっくりと口を近づけて、乳首を口に含むことができました。ここまで母ザルが許してくれたら、あとはゆっくりとおっぱいを飲めそうです。

おっぱいをめぐる母ザルと子ザルのせめぎ合い

　神庭の滝に春が来ると、前年に生まれた子ザルたちは1歳になります。1歳の誕生日を迎えるまでに、子ザルたちはオトナとほとんど同じものを食べることができるので、栄養摂取を母ザルのおっぱいに頼る必要はありません。しかし、子ザルたちは母ザルの胸に入っておっぱいを吸っています。

　でも、いつも母ザルがおっぱいを許してくれるわけではないので、子ザルも母ザルの様子をうかがいながら、おっぱいにたどり着く努力をします。母ザルの前に座って、片手をおっぱいにゆっくり伸ばします。母ザルにその手を押し戻されたら、それで終わり、失敗です。でも、乳首を触っても

30　おっぱいを許してもらえない子ザルたち：（上）1歳の子ザルが母ザルの胸に顔を近づけると、母ザルは片手で子ザルの胸を軽く押し返して、おっぱいを許しませんでした。（下）母ザルが地面にうつ伏せになっているので、2歳の子ザルはおっぱいが飲めません。手を母ザルの胸と地面の間に押し入れようとしています。この後、母ザルが座って、子ザルを胸の中に入れて、おっぱいを許しました。

31 おっぱいを求めて鳴く子ザル：1歳の子ザルがおっぱいを求めましたが、母ザルに押し戻されました。子ザルは母ザルの背中にくっつきながらギャーギャーと鳴いています。この後、母ザルは授乳を許しました。

32 子ザルを咬む母ザル：1歳の子ザルがおっぱいを飲もうとして母ザルに腕を咬まれて、ギャーギャーと鳴いています。

母ザルが何もしなければ、さらにゆっくりと顔をおっぱいに近づけます。おっぱいを口に含むことができれば、成功。子ザルは緊張が解けて、母ザルの胸にもたれておっぱいを吸います。子ザルが1歳を迎える頃になると、このようにおっぱいをめぐって子ザルと母ザルが駆け引きをしているかのような場面をしばしば目にします。

母ザルが腕で胸をおおっていたり、胸に頭を入れようとする子ザルの体を手で押し返したりすることもあります。母ザルが地面にうつ伏せになって、子ザルがおっぱいに触れられないようにすることもあります。おっぱいを許してもらえなかった子ザルは、ギャーギャーと鳴いて、かんしゃくを起こすことがあります。これも母ザルと子ザルのおっぱいをめぐっての駆け引きです。

母ザルは、ときどきですが、おっぱいを飲もうとする子ザルをつかんだり、咬んだりします。も

ちろん、血が出るような激しい咬み方ではないのですが、子ザルはギャー、ギャーと叫びます。母ザルはこのように子ザルの求めを拒否することがあるのですが、たいていはすぐに子ザルを胸に入れておっぱいを飲むのを許しています。

　子ザルが1歳半ぐらいのときに、2回目の秋が訪れ、群れに恋の季節が始まります。母ザルも恋に忙しくなり、こんな時期に子ザルたちも離乳することが多いようです。でも、2歳になっても、さらには、3歳になってもまだ母ザルの乳首を含んでいる子ザルもいます。これくらい大きくなってもおっぱいを求める子ザルもいれば、ずっと前におっぱいを卒業している子ザルもいます。1歳までのまだ小さい子ザルのときは、どの子ザルも母ザルのおっぱいを求める気持ちは強いのですが、2、3歳の子ザルになるとおっぱいを求める気持ちは子ザルによってだいぶ違うようです。そして、子ザルがおっぱいを求めるのを許すかどうかも母ザルによって違います。母ザルの個性がはっきりと出てきます。子ザルが2歳や3歳になってもおっぱいを許している母ザルは、子ザルに甘い母ザルと言えるでしょう。

33　子ザルの求めを拒否する母ザル：（上）おっぱいを飲もうとした2歳のオスの子ザルが、11歳の母ザルに拒否されて、鳴いています。母ザルも子ザルの背をつかんで、怒った顔をしています。（下）その後には、母ザルから子ザルへの毛づくろいが始まり、母と子の「おっぱいをめぐるケンカ」も終わりました。

1歳の子ザルになっても続く背中でのおんぶ

　1歳になった子ザルは、自分で山の中を歩いたり、木に登ったりできるので、母ザルの背に乗って運んでもらうのは、とても少なくなります。でも、神庭の滝のニホンザルの群れでは、1歳になった子ザルが母ザルの背中に乗って運んでもらうのは、まだまだ普通のことです。群れが森の中

34　3歳を過ぎても乳首を含んでいるメスの子ザル：3歳になった子ザルがおっぱいを求めるのはとても珍しいことです。この母ザルはそれを許す甘い母ザルと言えます。

35 子ザルを背中に誘う母ザル：(上) 16歳の母ザルが1歳の息子に背中を向けて、腰を下げ、左手を差し出して、背中に乗るように誘っています。(中央) 子ザルが母ザルの背中に乗ります。(下) 子ザルが背にしがみつくと、母ザルが歩き始めました。

36 母ザルの背にしがみつく2歳直前の子ザル：あと1カ月で2歳の誕生日を迎えるオスの子ザルがまだ母ザルの背に乗せてもらって、餌場に入場してきました。2歳前後の子ザルの体重は4キログラムから5キログラムで、母ザルの半分くらいです。

　を大きく動くときや、餌場に入ってくるとき、出ていくときなどは、1歳の子どもたちの多くが、まだ母ザルの背中に乗せてもらっています。神庭の滝のニホンザルの群れで暮らす子ザルたちは、他の地域に比べて、母ザルの背中でおんぶして運んでもらう期間が長くまで続くようです。

　母ザルが立ち止まって、腰を下げて、後ろを振り返るようなしぐさをするときがあります。手を少し後ろに差し出すようにすることもあります。「背中に乗りなさい」あるいは「背中に乗ってもいいよ」という母ザルから子ザルへの合図です。そうすると、子ザルが母ザルの背中に飛び乗り、母ザルが歩き始めます。

　子ザルが母ザルの後ろから歩いて山から下りてきて、川岸に着きました。そんなとき、母ザルが子ザルを背中に誘うことがあります。母ザルは子ザルを背中に乗せて、岩から岩へ跳んで川を渡ります。1歳の子ザルでも岩から岩へ跳んで川を渡ることはできるのに、母ザルは背中に乗るように誘うのです。そんな母ザルの振る舞いに、子ザルを気づかう、少し心配な気持ちが表れています。

　2歳、3歳になっても母ザルのおっぱいを求める子ザルがいるのと同じように、2歳になっても、そして、本当にめずらしいのですが、3歳になっても母ザルの背中にしがみつく子ザルがいます。3歳の子ザルの体重はすでに母ザルの半分を超えています。それでも、まだ母ザルの背中が必要なほど心理的には母ザルに頼りたいときもあるのでしょう。そして、そのような子ザルを背中で受け入れる母ザルも、かなり甘い母ザルです。

弟、妹が生まれたとき

　子ザルにとって最も大きな変化は、弟か妹が生まれたときです。ニホンザルは、2、3年に一度の出産をします。2年連続の出産をするときもあります。母ザルが2年連続で出産すると、上の子は1歳になったときに、弟か妹ができるわけです。多分、母ザルが出産する前の晩までは、母ザルの胸に抱かれて、おっぱいを口に含みながら眠ることができたでしょう。でも、母ザルの出産と同時に、もう抱いてもらうことはできません。1歳になったばかりの子ザルは、母ザルから毛づくろいをしてもらったり、そばで一緒に過ごしたりはできても、母ザルの胸もおっぱいも赤ん坊に独占されてしまいます。母ザルは赤ん坊をお腹にしがみつかせて歩くとき、背中は空いているのですが、1歳になった姉や兄が背中に乗るのを許しません。

37 妹が生まれる前と後の1歳の子ザル：(上) あと11日で1歳の誕生日を迎えるメスの子ザルが母ザルの背に乗って運んでもらっています。母ザルのお腹も大きくなっているのがわかります。(下) それから1カ月後に妹が誕生しました。妹が生まれて、姉になれば、1歳でも母ザルの背中には乗せてもらえないし、おっぱいももらえません。でも、毛づくろいだけは、これまでと同じように母ザルからしてもらえます。

38 母ザルと一緒に歩く1歳のオスの子ザル：母ザル (6歳) の胸には生後2カ月の弟がしがみついています。1歳の兄は母ザルの背中が空いていても、乗せてもらうことはできません。

39　兄になってもおっぱいを求める1歳の子ザル。1歳の兄（実は、生後4カ月のときに母を亡くし孤児となった後に、養母に育ててもらいました。だから、正確には義兄です）は、赤ん坊の弟が母ザルの胸から離れたとき（写真の右下）、毛づくろいを受けながら目を閉じている母ザル（養母）に近づき、口だけを伸ばして、乳首の先を口に含みました。母ザルが体を少し動かしただけで、この子ザルは乳首から唇を離しました。

自分で歩かなければなりません。1歳で兄や姉となった子ザルたちは、妹や弟が生まれなかった1歳の子ザルに比べると、母ザルから離れて過ごすことが多くなり、母ザルからの独立が早まると言われています。

おっぱいをあきらめきれない1歳の兄や姉

　1歳で兄や姉となった子ザルの中には、すぐには母ザルのおっぱいをあきらめることができない子ザルもいます。母ザルが赤ん坊を胸に入れて横になって昼寝をしているとき、1歳の兄がゆっくりと手を伸ばして、母ザルの空いているほうの乳首を指で触り、その次に、顔を乳首に近づけて、舌先でなめるのを見たことがあります。

　赤ん坊が生まれて10日ほどで死亡したあと、3週間ほどたってから、1歳になる赤ん坊の兄が母ザルのおっぱいをもとめるようになったことがありました。1歳の兄が母ザルの胸に手を伸ばします。でも、母ザルが手で遮っていました。母ザルがうつ伏せになって、胸を触ることができないようにすることもありました。こんなとき、クギャー、クギャーと鳴く1歳の兄の姿を何度か見たこともあります。こうして、赤ん坊が死亡してから1カ月ほどの間、1歳の兄が母ザルにおっぱいを求め続けた後、やっと許してもらえるようになりました。授乳復活です。

40　授乳復活：（上）赤ん坊が生まれて兄となった1歳の子ザルが、その赤ん坊の死亡後10日ほど過ぎると、再び母ザルのおっぱいを求めるようになりました。（下）赤ん坊が死亡して4週間ほど経ってから、母ザルは1歳の兄の求めに応じて授乳するようになりました。

赤ん坊の妹と一緒におっぱいを飲む2歳の姉

　おっぱいの魅力は、子ザルが2歳になっても、まだまだ強いようです。神庭の滝のニホンザルの群れでは、母ザルの出産がなければ、2歳になってからも母ザルの乳首を吸っている子ザルがいます。でも、母ザルが赤ん坊を出産すれば、子ザルはおっぱいから卒業することになります。ところが、妹が生まれて、お姉さんになった2歳の子ザルが、妹と一緒におっぱいを飲み続けるというとても珍しいことがありました。2歳の姉と赤ん坊の妹が母ザルの胸の中に一緒に入って、おっぱいを吸っているのです。ニホンザルでも双子を産むことがあります。双子が一緒におっぱいを吸うことがあっても、年齢の異なるきょうだいが一緒におっぱいを吸っているのは初めての記録です。しかも、姉が右乳首を、妹が左乳首というように、吸う乳首も姉妹の間で決まりました。姉妹のどちらか1頭が母ザルの胸に入っておっぱいを吸っているときでも、このルールは守られていました。

　姉妹の同時授乳あるいは2歳の姉がおっぱいを吸い続けられたのは、姉妹の母ザルがとても甘い母ザルだったからでしょう。ニホンザルの母だけでなく、他のサル類の母でも、兄や姉を赤ん坊と一緒に授乳するような報告を聞いたことがありません。この2歳のメスの子ザルは特別に甘えん坊で、その母ザルはそんな甘えん坊の子ザルを許すような性格だったのでしょう。

　姉は3歳になってもおっぱいを吸い続けました。妹も1歳になっていますので、1歳と3歳の大き

41　姉になってもおっぱいを求める2歳の子ザル：（次ページ）妹が生まれて1カ月ほど過ぎた頃、2歳の姉が赤ん坊の妹と一緒におっぱいを飲んでいるところです。きょうだいが一緒におっぱいを飲んでいる場面は、ニホンザルだけでなく、他のサル類を含めても初めての記録でした。（上）2歳の姉は、母ザルのおっぱいをつまんだり、いじったりすることもありました。

42　おっぱいを飲みながら母ザルに毛づくろいする3歳の姉：姉は3歳になってからも、母ザルのおっぱいを口に含んでいました。姉の体が大きくなって、1歳になった妹と同時におっぱいを吸えないので、別々に吸っていました。姉はおっぱいを吸いながら、母ザルに毛づくろいをよくしていました。

な体になった子ザルが同時に母ザルの胸に入ることはできなかったようです。3歳の姉は、1歳の妹が母ザルの胸を占領していないときに限って、母ザルの胸に入り、おっぱいを含んでいました。しかも、おっぱいを含みながら、母ザルの胸を毛づくろいすることもありました。このときも、姉が関わるのは母ザルの右乳首でした。3歳になった姉におっぱいを含ませるだけでなく、乳首をいじることまで許していたのですから、この母ザルはやはりとても子どもに甘い母ザルだったのです。

2歳になった子ザルでも、まだおっぱいが魅力的な事例をもう1つ紹介しましょう。母ザルが2年連続の出産をしたので、1歳のときにおっぱいを卒業していたはずの姉が、2歳になってから、急に母ザルの乳首に興味を示し始めたことがありました。母ザルが横になって他のメスから毛づくろいを受けているとき、2歳の姉が母ザルの胸をじっと見つめています。そして少しずつ、ゆっくりと口を乳首に近づけました。そして、口の中に入れました。乳首を口の中に入れて2分ほどしたときに、母ザルが軽くこの2歳の子ザルの体に触れると、子ザルは乳首を離して、跳び離れました。その後、母ザルから1メートルほど離れたところに座って、手で自分の太ももを掻いていました。からだが痒くなったから掻いたのではありません。母ザルの乳首を口に含んでいたこと、母ザルに軽く押されてしかられたことなどが一緒になって緊張した気持ちを、自ら解きほぐすために、自分の身体を掻いていたのです。わずか2、3分間の出来事でしたが、2歳の姉が本当に用心深く、

43 2歳になってもまだおっぱいを求める姉

1歳の弟が近くにいないとき、2歳のメスの子ザルが毛づくろいを受けている母ザルの乳首を見つめています。

2分間ほど乳首を口に含むことに成功しました。

母ザルが気付き、子ザルを押し離しました。

2歳のメスの子ザルは母ザルから離れて、自分のからだを掻いています(後方の顔が母ザル)。

そして、びくびくしながら乳首を含もうとしたこと、そして、それほどまでに母のおっぱいがまだ魅力的だったことがよくわかりました。

子ザルの遊び

　1、2歳の子ザルたちは実によく遊びます。特に、オスの子ザルたちは活発に遊びます。1頭の子ザルが走るとその後ろを別の子ザルが追いかけます。先に走っていた子ザルが急に止まると、追いかけていた方も止まり、逆方向に走り始めます。追いかけていた子ザルが今度は逃げる方に回ります。このように、直線的に逃げたり、追いかけたりするのが、ニホンザルの追いかけっこ遊びの特徴です。他方、岩や木の幹の周りをぐるぐる回りながら追いかけっこをすることはほとんど見られません。だから、4歳の姉と2歳の弟が母ザルの周りをグルグルと何周も回って追いかけっこをしているのを目にしたときは、急いで写真に収めました。この姉と弟は他の子ザルたちには見られないこの遊びをその後も何度か見せてくれました。

　ニホンザルの子ザルの遊びにはもう1つの遊び方があります。子ザルが互いに跳びかかったり、つかんだり、ときには、相手のからだを咬んだりします。レスリング遊びです。もちろん、強く咬むわけではありません。でも、咬まれた方がキッとかキャとかのように声を出して鳴いたら、レスリング遊びは終わりです。遊びではなく、ケンカになってしまうのです。だから、相手のからだを咬んでも、痛くならないように咬むことが大事で

44 子ザルの追いかけっこ：（上）2歳のオスの子ザル同士の直線的な追いかけっこの遊び。（下）2歳半の弟と4歳半の姉が、母ザルの周りをグルグルと回りながらの追いかけっこ遊び。グルグル回っての追いかけっこは、ニホンザルではとても珍しい遊びです。母ザルの背には生後半年の妹がくっついていますが、姉と兄の激しいグルグル回る追いかけっこには加わろうとはしませんでした。

す。追いかけっこからレスリング遊びに変わることもあります。2頭の子ザルたちだけが遊んでいるのではなく、たいていは数頭の子ザルたちが集まって、追いかけっこやレスリング遊びを行います。でも、実際に関わっているのは2頭のことが多く、3頭になるとどちらのタイプの遊びも長続きしないようです。そして、子ザルたちは互いに、オス同士、メス同士で遊ぶことが多いようです。この傾向は、成長とともに一層はっきりします。1、2歳のときでも、メスに比べて、オスの方が頻繁に、そして、活発に遊ぶのですが、3、4歳になると性差はもっとはっきりします。3歳頃からメスの子ザルの遊びが少なくなるからです。ところが、オスの子ザルたちはまだもう少しの間、遊びを楽しみます。しかも、とても荒っぽいレスリング遊びになります。

　遊びの最中に、一方の子ザルがもう一方の子ザルに馬乗りになることがあります。マウンティングとも言われる行動で、オトナのオスとメスの間で行われる交尾の際に見られる姿勢と全く一緒です。オトナのオス同士でもこのマウンティングが見られます。たいていは、弱いオスが四足立ちになり、強い方のオスが馬乗り姿勢になります。オトナオス2頭の間での順位の確認に用いられる行

45　1歳になった子ザルたちのレスリング遊び。

46　3歳半のオスの子ザルたちのとても激しいレスリング遊び：咬むことも遊びです。でも、相手が悲鳴をあげれば、そこで遊びは終わりです。ケンカです。ケンカにならないように、上手に咬むことが、遊びには大事なことです。

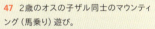

47　2歳のオスの子ザル同士のマウンティング（馬乗り）遊び。

29

動だと考えられていますが、子ザル同士の遊びの中に、オトナ同士で行われる姿勢が取り入れられているのです。ケンカのように見えるレスリング遊びも、体を鍛えるのに役立つでしょうが、同時に親しくなったり、親しい関係を強めたりするのに役立っているのでしょう。ケンカにならないように遊ぶということは、子ザルの世界では大事なことです。

　0歳のときには見られないけれども、1歳になってからよく見られる遊びがあります。それは川の中で泳ぐことです。神庭の滝の子ザルたちは、6月頃から川の中に入って、泳ぎます。1頭だけで泳ぐのではなく、たいていは2、3頭が一緒になって川の浅瀬に集まり、ときどき深みに入って泳ぎます。川の中をもぐって泳ぐ子ザルもいます。泳ぐこともひとりでするよりも、他のサルたちと一緒にするのが楽しいのでしょう。でも、全ての子ザルが泳ぐのを楽しんでいるのではなさそうです。浅瀬を歩いたり、水際の岩に飛び乗って手足を濡らしたりしても、水の中に入って泳ぐことまではしない子ザルがいます。水の中が嫌いなのか、それとも泳げないのかはわかりませんが、川遊び1つをとっても、子ザルたちの個性が表れてくるのです。レスリング遊びは、5、6歳のオトナ

48　2歳のメスが顔を水につけないで泳いでいます。

49　2頭の3歳のオスの子ザルが神庭川で水遊びをしています。

50　2歳のオスが川から上がってきて、岩の上でブルブルをして水を飛ばしています。

になったサルでもときどき見かけますが、神庭の滝のオトナのサルたちが泳ぐのはまだ見たことがありません。遊びとして泳ぐのは、1歳から3、4歳頃までの子ザルに限られるようです。

51 0歳の子ザルに触れようとする年長のメスの子ザルたち：（上）生後3カ月の子ザルの両側から、1歳の子ザルと3歳の子ザルのメスが腕を伸ばして、子ザルの体に軽く触れています。（下）2歳のメスの子ザルが生後2、3カ月の子ザルたちが集まっているところへ近づき、後ろに座って、その肩に軽く触れています。

赤ん坊に関わる年長のメスの子ザルやワカメス

　遊びの他にも、オスの子ザルとメスの子ザルの行動に大きな違いが見られることがあります。それは赤ん坊への興味、関わり方です。生まれて1カ月ほど経つと、赤ん坊は母ザルから離れて過ごすことが増えてきます。そんな赤ん坊に近づいてそばに座ったり、触ったり、抱いたり、毛づくろいしたり、ときには、抱いて運んだりする年長の子ザルがいます。そんな子ザルはたいていメスです。だから、赤ん坊と触れ合うことは、オスの子ザルに比べれば、メスの子ザルのほうがずっと多くなります。とりわけ、3、4歳の年長の子ザ

52 0歳の子ザルに関わるワカメス：(上) 5歳の春に初産しなかったワカメスが夏の終わりの頃に、生後4、5カ月の子ザル2頭を足の間に入れて、そのうちの1頭に毛づくろいしています。(下) 4歳の姉が生後3カ月の妹を足の間に入れて、そのお腹をしっかりと抱えています。

53 6歳でもまだ初産を経験していないワカメスが生後5カ月になる子ザルを足の間に入れて毛づくろいをしています。

ルになると、赤ん坊に興味を示すのはほとんどメスです。しかも、どの赤ん坊でもよいのではなく、たいていどの年長のメスの子ザルもいつも同じ赤ん坊に近づいて、関わろうとしています。まだ5歳前で、出産をしていない姉が、妹や弟の赤ん坊を抱いたり、毛づくろいしたりすることもよくあることです。赤ん坊に触る前に、その赤ん坊の母ザルに毛づくろいをすることもあります。母ザルに毛づくろいをして、赤ん坊に触ることを許してもらっている、と思えるような場面です。

赤ん坊によく関わるメスの子ザル、それほど関わらないメスの子ザルがいます。赤ん坊への興味や関心の度合いは、メスの子ザルの中にも大きな違いがあるということです。

なぜ、メスの子ザルは赤ん坊に親しく関わろうとするのでしょうか。赤ん坊がかわいいからでしょうか。メスの子ザルが赤ん坊と関わることで、将来の自分の子を出産したときの子育てに役立つという考えがあります。子育ての練習という見方です。この考えが正しいかどうかはまだはっきりしていません。でも、3、4歳のメスの子ザルが赤ん坊を抱いている姿をご覧になれば、メスの子ザルが赤ん坊を抱きたくて、抱きたくて仕方がない、ずっと一緒にいたいという強い気持ちが伝わってくると思います。

オトナに近づいたワカメス

秋はニホンザルの恋の季節です。3歳半になったメスは初めての発情を迎えます。毛でおおわれ

ていないお尻の皮膚が鮮やかなピンク色に染まり、しかも大きく腫れます。口を細めて少し突き出すようにしてホーと小さく、あるいは口を開いてクギャーと大きく鳴くこともあります。この音声は恋鳴きと呼ばれています。そんなワカメスに若いオトナのオスが馬乗りの姿勢になって交尾をすることもあります。でも、3歳半の秋に妊娠するメスはほとんどいません。1年後の4歳半になって、再び恋の季節が到来したとき、メスはまた発情します。このときのお尻の腫れはそれほど目立ったものではありません。少し腫れているかな、と感じるくらいです。発情してお尻が腫れるのはこのときくらいまでです。でも、このときのオスとの交尾が妊娠につながり、翌年の春、つまり、180日ほどの妊娠期間を経て、5歳になったときに、メスの半分くらいが初めての出産を経験します。5歳で初産をしなかったメスでも、ほとんどのメスは6歳で初産を経験します。この頃の体重は7、8キログラムから10キログラムぐらいで、この後はほとんど増えません。

　神庭の滝の群れで暮らすメスたちは、他の地域のニホンザルと同じように、4歳での出産はとても珍しく、一方で、ほとんどのメスが5、6歳で初産を経験します。そして、初産を経験すればオトナの世界に仲間入りです。赤ん坊を育て始めた若い母ザルは我が子の世話に関心が集まり、それまでのように、よその赤ん坊を触ろうとしたり、抱いたりしなくなります。

　このように、メスは体だけがオトナになるのではなく、振る舞いもオトナになるのです。でも、

54 交尾期のメスのお尻：（上）3歳半のメス。初めて発情し、尻は鮮やかなピンク色になり、大きく腫れます。（中央）4歳半のメス。お尻が少しだけ腫れています。（下）すでに2回の出産を経験した8歳半のメス。5歳を過ぎると、ニホンザルのメスは発情してもお尻が大きく腫れることはほとんどありません。

55 ワカメスの恋鳴き：3歳半で発情したメスが、口をすぼめるようにして、ホーと恋鳴きの声を発しています。

56 ワカメスになっても、母ザルと一緒に過ごす娘たち：（左）夏の朝、4歳のワカメスが日陰で、母ザルから毛づくろいをしてもらっています。（右）雪が降る寒い日、4歳のワカメスが10歳の母ザルに体をくっつけて樹上で過ごしています。

57 母ザルと5歳で初産を経験した娘：5歳になって初めての出産を経験したメスが母ザル（10歳）に毛づくろいしています。赤ん坊を出産してオトナの世界に仲間入りしてからも、母ザルとの親密な付き合いは続きます。

子ザルのときから、ワカメスを経てオトナの仲間入りをしても、変わらないところもあります。それは母ザルとの関係です。1、2歳の子ザルほどではありませんが、初産を迎える頃になっても、母ザルと一緒に座って昼寝したり、同じ木に登って一緒に葉っぱを食べたりして過ごす時間が毎日、どこかで見られます。母と娘の間の毛づくろいは、娘が小さい間は母ザルから娘への毛づくろいがほとんどで、娘から母ザルへの毛づくろいはわずかでした。それが、ワカメスになる頃から、娘から母ザルへの毛づくろいが増え始めて、娘が初産を経験する頃には、母と娘の間の毛づくろいはかなり均等になります。母と娘の関係がオトナ同士の関係に近づいてきたのです。

ニホンザルのメスは生まれ育った群れで、生涯を過ごします。だから、オトナに近づいてからも、母ザルとの密接な関わりが続きます。母ザルと娘の関係は母ザルが老いて死ぬまで続くのが普通です。そして、オトナになったメスたちは母ザルとだけ親しく付き合うのではなく、姉妹やおば、さ

らには、祖母たちのような同じ血縁のメスたちとも親しく付き合います。もちろん、血縁関係のないメスとの密な付き合いもあります。特に、同い年のメス同士の付き合いは長く続くようです。

群れを離れるワカオス

オスには、メスの出産のように、オトナになったことを示すはっきりとした変化はありません。例えば、オトナのオスの体重は10キログラムから12、3キログラムになりますが、10歳近くまで少しずつ増えます。オスの睾丸を包む袋（陰嚢）の色は、3、4歳頃にはまだ白いのですが、5歳の頃から少しずつ赤くなります。睾丸そのものも大きくなります。

2つの大きな睾丸を包んだ真っ赤な袋を左右に揺らしながら歩くのは、7、8歳からです。秋が深まり、恋の季節が訪れる頃には、その袋の赤さは一層色濃く鮮やかで、睾丸もさらに大きくなった印象を受けます。これくらいになれば、メスと交尾をして、自分の子孫を残すことができます。

神庭の滝のニホンザルの群れにはオスとメスを合わせて150頭ほどいます。でも、赤い袋に入っ

58 オスの睾丸の大きさ：左から、4歳、5歳、5歳、7歳。4歳のオスではまだ睾丸は小さく、目立ちません。5歳になると、睾丸が「揺れる」ぐらいの大きさになっていますが、オスによってかなり大きさが違います。でも、睾丸を包む袋（陰嚢）の色はどちらもまだ白っぽいままです。7歳のオスになると睾丸は大きく、袋の色も真っ赤です。立派なオトナの睾丸です。

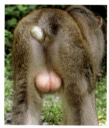

た睾丸を揺らしながら歩くオスは数頭です。少し大きくなった睾丸を持っている4、5歳のオスの頭数も、同じ年頃のメスの頭数に比べれば、かなり少なくなっています。オスとメスはほぼ同数生まれるのに、なぜワカモノになるとオスの頭数が少なくなるのでしょうか。実は、多くのオスが、立派な睾丸を身に付けるまでに生まれ育った群れを離れていくからです。どこの地域のニホンザルでも、オスは3、4歳頃から生まれた群れを離れていきます。そして、完全なオトナになる7、8歳頃までには、ほとんどのオスが群れを去ります。オスの群れ落ちとも言われています。

　ただ、神庭の滝のニホンザルのように、餌付けがされている群れの中には、オトナに近づいても群れにとどまっているオスが、わずかですがいます。群れにとどまっているワカオスは母ザルや姉妹から毛づくろいをしてもらったり、一緒に採食したり、休息したりすることもあります。でも、母と娘の関わりに比べれば、母とワカモノ期の息子との関わりはかなり少ないものなのです。

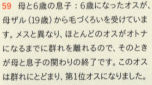

59　母と6歳の息子：6歳になったオスが、母ザル（19歳）から毛づくろいを受けています。メスと異なり、ほとんどのオスがオトナになるまでに群れを離れるので、そのときが母と息子の関わりの終了です。このオスは群れにとどまり、第1位オスになりました。

3 オトナのメスの暮らし

60 出産1カ月前の5歳のメス。出産が近づきお腹が大きくなったメスは足を投げ出しての座り方が多くなるようです。

61 最後の子育て。22歳で出産した母ザルと生後2カ月になった赤ん坊。このメスは24歳のときにも出産しましたが、その赤ん坊は1カ月ほどで死亡しました。

62 9歳の母と4歳の娘が共に出産。ニホンザルでは4歳での出産はとてもめずらしく、だから9歳で祖母になるメスはもっと珍しいことです。そんな若くして祖母となった母(右)から若くして母になった娘への毛づくろいです。赤ん坊はどちらもメスで、叔母と姪の間柄になります。

メスの一生

　神庭の滝の群れでは、ほとんどのメスが、5歳か6歳で初産を迎えます。オトナの世界の仲間入りです。その後は、20歳頃まで、2年に1回ぐらいの出産が続きます。2年連続の出産をするメスもときどきいますが、3年連続の出産をするメスはほとんどいません。20歳を過ぎると、出産をするメスは少なくなります。神庭の滝の群れでも、他の地域のメスでも、これまでの最高齢出産の記録は26歳です。多くのメスが、一生の間に6、7回以上の出産と子育てを経験します。

　ニホンザルのメスは生まれた群れで一生を送ります。群れを出ていきません。群れが分裂しない

63 赤ん坊から12歳までのプチコ04（2004年5月22日生まれ）。

プチコ04
生後3カ月

母
プチコ
21歳

プチコ04
2歳半

プチコ04
5歳

2004年8月
生後3カ月のプチコ04が母ザルのプチコのおっぱいを吸っています。プチコ04の名前の意味は、2004年にプチコ（19歳）から生まれたということです。

プチコ04
6歳

2012年7月
プチコ04（右側、8歳）とプチコ02（10歳）の姉妹が並んで、生後1カ月になる赤ん坊に授乳しています。姉妹は同じ日の2012年6月27日にオスの赤ん坊を出産しました。

姉
プチコ02
10歳

プチコ04
8歳

2010年7月
2010年5月9日、プチコ04は6歳で初めての出産をしました。彼女の手には、胎盤とへその緒が握られています。彼女は胎盤を食べることなく、持ち歩いていました。

2016年3月
2016年3月、12歳直前のプチコ04が2歳間近になったオスの子を背中に乗せて歩いています。お腹には3カ月後に生まれる赤ん坊が入っています。（プチコ04はさらに13歳のときにオスの赤ん坊を産みましたが、オスの子はその年の冬に死亡しました。彼女自身もそれから1カ月ほどして、急に元気がなくなり姿が見えなくなりました。2017年2月、13歳9カ月というニホンザルのメスとしては短い生涯を終えたようです）

プチコ04
12歳直前

限り、生まれ育った群れで死を迎えます。5歳で娘を産んで、それから5年経って10歳になったとき、5歳になった娘が出産すれば、10歳で祖母になります。10歳で祖母になっても、子どもを産めます。だから、母と娘が同時に赤ん坊の子育てをすることは、ニホンザルでは珍しいことではありません。

神庭の滝のメスの平均寿命は21歳です。正確な年齢のわかっているメスの中での最長寿の記録は32歳です。このメスの名前は通称ペットで、1971年に生まれて、2003年の夏に姿が見えなくなりました。ペットの母ザル（通称ベリア）も長生きでした。このメスは餌付けが開始された1958年に赤ん坊を出産したので、そのときに1953年生まれの5歳と推定されました。彼女は1985年に死亡したので、推定年齢32歳での死亡でした。

64 神庭の滝の群れの長寿記録の32歳まで生きた母と娘（どちらも32歳のときの写真）：（上）通称ベリアは、1958年の餌付け開始時に1953年生まれと推定され、1985年に死亡しました。1973年から死亡するまで、第1位メスでした。（下）通称ペットは1971年にベリアの五女として生まれ、ベリアの死亡後、第1位メスとなり、2003年8月に死亡しました。ペットは死亡するまでの18年間、第1位メスの順位を維持しました。写真は、ペットが群れから姿を消す前日の2003年8月21日に撮影、彼女の最後の1枚。

母系血縁メスたちの結びつき

母と娘、祖母と孫娘、姉妹、おばと姪など、ニホンザルの群れの中には、血縁の近いメスたちが一緒に暮らしています。交尾期に、メスは複数のオスと交尾し、年によって交尾する相手も違います。オスも複数のメスと交尾します。乱婚です。だから、姉妹の母ザルは同じでも、父ザルが同じかどうかはわかりません。糞などから採取した遺伝子を分析しないと、父ザルが誰なのかはわかりません。

オスはオトナになる5歳頃には、生まれ育った

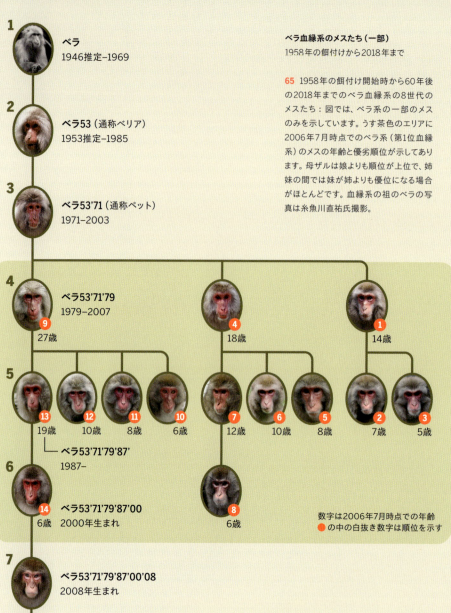

ベラ血縁系のメスたち（一部）
1958年の餌付けから2018年まで

65 1958年の餌付け開始時から60年後の2018年までのベラ血縁系の8世代のメスたち：図では、ベラ系の一部のメスのみを示しています。うす茶色のエリアに2006年7月時点でのベラ系（第1位血縁系）のメスの年齢と優劣順位が示してあります。母ザルは娘よりも順位が上位で、姉妹の間では妹が姉よりも優位になる場合がほとんどです。血縁系の祖のベラの写真は糸魚川直祐氏撮影。

数字は2006年7月時点での年齢
🔴 の中の白抜き数字は順位を示す

66 老母と若い娘たち：中央が27歳の老母で、右側に10歳の娘、左側に8歳の娘がそれぞれ赤ん坊を抱いてくっついて座っています。この老母には、19歳の長女と6歳の末娘もいます。この老母と娘たちのことは、写真116から122で詳しく紹介します。

群れを出ていくので、母と息子の関わりもそこで終了です。一方、メスは死ぬまで生まれ育った群れで暮らし、母ザルが死亡するまで、母と娘の付き合いが続きます。母ザルと娘は互いに毛づくろいをし合ったり、近くに座って休んだり、同じ木に登って採食したりします。他のサルとケンカになったときには、互いに助け合います。だから、ニホンザルの群れの中では、母と娘の関係が最も親密です。母と娘の関係に次いで、姉妹やおばと姪などの血縁の近いメスの間でも、このような親密な関係が続きます。だから、ニホンザルでは母系血縁のまとまりがとても大事になります。1つの群れには、このような母系の集まりがいくつかあります。

神庭の滝の群れでは、1958年に餌付けし、個体識別を始めたとき、2頭のオトナのメスが親しくしていても、母ザルと娘なのか、姉妹なのか、

67 メス4世代の集まり。19歳の母（右後方）と10歳の娘（左後方）がその5歳の娘（つまり、19歳のメスの孫娘）に毛づくろいしています。5歳のメスは2週間前に初めての出産で生まれたメスの赤ん坊を抱いています。

68 母、娘、孫娘の3世代が集まって休息。25歳の老母（左）のそばで、14歳の娘（右後方）がその娘（右手前）に毛づくろいしています。同じ血縁のメスたちはいつも一緒に休んだり、採食したりして過ごしています。

それとも血縁は異なるけれども親しい仲のメス同士なのかがわかりませんでした。そこで、当時のオトナのメスとワカメスの合わせて38頭を独立した母系血縁の祖としました。ベラ、バラ、リサ、ケラなどの名前がそれぞれのメスに付けられました。それ以来、母系血縁の祖の名前を血縁系の名前として用いています。60年経った2018年では、その血縁系の数は7つまでに減りました。7つの血縁系に属するサルたちは、6世代から8世代を遡れば、餌付け当時の血縁系の祖にたどり着きます。他方、残りの31の血縁系はメスの死亡や群れの分裂によって、神庭の滝の群れからは消滅しました。

優劣順位

　ニホンザルのメスの間には、優劣順位があります。母は娘よりも優位で、姉妹の間では妹の方が優位になります。つかみあったり、咬み合ったりの激しいケンカをして優劣を決めるのではりません。母ザルは娘が子ザルのときから、にらんだり、手で払ったりの優位な行動をし、子ザルはキッキッと鳴いたり、歯茎まで見せる表情を表して、劣位であることを示します。そのような関係は娘がオトナになっても続き、母ザルが老いて、娘の方が体力的に勝っても、順位逆転はほとんど起こりません。老いて死亡するまで母ザルは娘よりも優位なのが一般的です。

　姉と妹の間でにらみ合いになったり、妹の方がキャッと鳴いたりすると、母ザルはいつも妹の

69 母から娘への威嚇：9歳の母（右）が少し口を開いてにらむと、4歳の娘（左）が腰を引いて、クギャーと鳴き、歯を見せて劣位を示しています。

味方をします。だから、母ザルのそばでは、妹は姉よりも優位になります。妹がオトナになったときには、母ザルがそばにいなくても、妹は姉よりも優位になっています。3姉妹だったら、三女が最も優位で、次女がその次で、長女が一番下になります。

娘は母ザルのすぐ下の順位を獲得しますので、妹の娘たちの順位は、自分の母の姉（つまり、伯母）よりも上になり、自分の母の妹（つまり、叔母）よりも下になります。このようにして、1つの血縁系のメスたちの間では、優劣の順番が付きます。1つの血縁系に10頭のメスがいれば、1位から10位までの順位序列が決まっています。

さらに、1つの血縁系のメスすべてが、別の血縁系のすべてのメスよりも優位（あるいは、劣位）になるのが普通です。神庭の滝の群れには、7つの血縁系がありますが、第1位から第7位の血縁系まで順番をつけることができます。そして、50頭ほどのオトナのメスも第1位から最下位まで、ほぼ直線的な順位になっています。

サルたち自身が、誰が自分よりも順位が上で、誰が自分よりも順

70 姉妹のケンカで、母ザルが妹に味方：4歳の妹（中央）が13歳の母ザル（左端）にくっつきながら、6歳の姉（右端）にゴツゴツと吠えて、優位を主張しています。母ザルも少し口を開けて、姉を睨みつけています。母ザルがいつも妹に味方することによって、姉妹の間では、妹が姉よりも優位になります。

71 血縁の異なるメス同士のケンカ：第1位血縁系の18歳のメス（右端）が中位の血縁系の1歳の子ザルをつかんでいます。子ザルが泣き叫ぶと、子ザルの母ザル（10歳、左端）がすぐに走りより、ギャー、ギャーと叫んでいます。でも、自分より優位なメスに対して、つかみかかって自分の子ザルを助けることはできません。腰を下げて、歯茎を露出させた恐怖の表情で、鳴き続けるだけです。

位が下なのかを知っています。餌場で1頭のメスが何かを拾って食べていました。そこへ別のメスが近づいて座ると、それまで拾って食べていたメスが立ち去りました。こんな場面を目にすれば、近づいたサルの方が優位で、立ち去ったサルの方が劣位であることがわかります。サルたちは互いにどちらの順位が上なのかを知っているから、このように振る舞うことができるのです。群れで暮らすサルたちは、互いに顔を覚えていて、そして、自分より順位が上か下なのかもすべて知っており、さらに、誰と誰が親しいのかも知っているのです。

毛づくろい

　サルの毛づくろいはノミ取りではありません。ノミはサルには付きません。サルたちは、毛の根元にくっついているシラミの卵を取っているのです。シラミの成虫はサルの血を吸うので、毛づく

72 珍しい4頭間の毛づくろい：3姉妹（右：12歳、左：10歳、中央奥：8歳）が、自分たちの母の妹の娘（7歳、つまり、いとこ）に毛づくろいをしています。順位は、三姉妹が劣位です。三姉妹が自分たちよりも順位が高いメスのいとこに毛づくろいをしているところです。毛づくろいは2頭の間で行われるのが普通です。3頭間の毛づくろいは珍しく、写真のような4頭間の毛づくろいはとても珍しい光景です。

ろいは衛生や健康の面から大切な行動です。同時に、毛づくろいは親しい関係を作ったり、保ったりするのにも大事な行動です。毛づくろいを受けていると気持ちがよくなることがわかっています。サルたちは自分の体を自分で毛づくろいをしますが、足や腕、お腹くらいしかできません。自分でできない背中やお尻、頭などは、他のサルから毛づくろいしてもらうことができます。ニホンザルにとって、健康だけでなく、互いにリラックスして、親しく付き合うのに役立つ毛づくろいは、とても大事な行動です。

　群れの中で行われるオトナ同士の毛づくろいの半分以上は、母ザルと娘の毛づくろいです。その次に多いのが姉妹やおばと姪のように近縁のメス同士の毛づくろいです。もちろん、血縁関係の無いメス同士での毛づくろいもあります。その中でよく見かけるのは、同年齢のメス同士の毛づくろいです。子ザルの頃の遊び友達が、オトナになっても続いているような関係です。20歳を超えて、老ザルと言われるようになっても、毛づくろいをしたり、してもらったりする親しい関係を続けている同い年のメスたちもいます。

73　血縁の異なる8歳のメス同士の毛づくろい。毛づくろいしているのは第1位血縁系のメス（左）で、毛づくろいを受けているのは第6位血縁系のメス（右）。順位が大きく異なっていても、同い年のメスたちは互いに毛づくろいをしたり、してもらったりすることが多いようです。子ザルのときの遊び友達の関係が、赤ん坊が生まれ、オトナになっても毛づくろいを通して続きます。

出産

　60年もの間、神庭の滝のニホンザルの群れを多くの人たちが観察してきましたが、サルの出産場面を直接に目にする機会は、ほとんどありませんでした。他のサル類と同じように、ニホンザルは夜に出産するからです。でも、これまでに、昼

間の餌場での出産が3回ありました。私はその内の2回を目撃することができました。紹介しましょう。

　1991年6月5日の夕方の4時過ぎでした。餌場では小麦の餌まきが始まりました。サルたちが一斉に拾って食べている中で、少し離れた大きな岩の上に座っているメスがいました。ここでは彼女をケイと呼ぶことにします（正式名はケラ55'61'70'83です）。彼女は8歳のサルでした。ときおり、片手を岩に着き、もう一方の手で太腿をつかんで中腰になっています。ニホンザル特有の陣痛姿勢です。30秒ほどして、太腿をつかんでいた手を離しました。2、3分したら、今度は両手を上にあげて、頑張っています。これも陣痛の姿勢です。30秒ほど続いた陣痛が終わると2、3分から5分ほどの緊張の緩んだ時間が続き、また、陣痛が始まります。ケイはこれを繰り返していました。最初は彼女の2歳になる娘が横に座ったり、彼女のおばさんから毛づくろいを受けたりすることもありましたが、ケイから他のサルに関わろう

74　8歳のメス、ケイの陣痛姿勢：(左)腰を少し浮かせ、両手も少し浮かせての陣痛姿勢です。この状態が30秒ほど続き、その後、2、3分間の休息時間があり、次の陣痛が起こります。(中央)両手を上にあげての陣痛姿勢。陣痛のときも、その合間のときも、このメスが声を出すことはありませんでした。(右)陣痛の合間に、ケラは彼女の叔母から毛づくろいを受けることがありました。

とすることはありませんでした。

　群れのサルたちは小麦を食べ終わると、山に向かって帰り始めました。ケイも陣痛の合間に同じ方向に歩きます。でも、急に止まって、中腰になり、片手で太腿を持って頑張ります。頑張っている彼女を背後から見ていると、羊膜に包まれたテニスボールほどの赤ん坊の頭が見えていました。でも、陣痛が終わると奥に戻ってしまい見えなくなりました。このように、ときどき小走りで移動しては、急に立ち止まり、陣痛の間、その場にとどまることを繰り返しました。そして、合わせて150メートルほど移動したときです。ケイの陣痛に気づいてから30分ほど経ったときです。最後の瞬間が訪れました。

　彼女は急に立ち止まり、地面に両手を突っ張り、お腹を地面に着けるようにして、背を弓なりにそらし始めました。これも陣痛の姿勢です。それが終わると、今度は、4本の手足で立って、少し背を丸めるようにしていきんでいます。1分以上の長いいきみの最後に、赤ん坊の頭が出てきました。赤ん坊は顔を空に向けるようにして出てきました。普通の出産ならば、頭が出てくると、そのまま胴体も娩出されるのですが、このときは、赤ん坊の胴体はすぐに出てきませんでした。

　2、30秒経過すると、赤ん坊の頭が力なく垂れてしまいました。ケイが片手をお尻に回し、赤ん坊の頭をつかむようにしています。でも、出てきません。この状態が1分ほど続き、「ああ、ダメか」と私が思い始めたときです。ケイがもう一度いきみました。そして、赤ん坊の全身が出てきま

75　場所を移して陣痛するメスのケイ：夕方の餌まきが終わり、群れが山に戻り始めると、ケイも群れについて歩き始めました。陣痛が来ると、急に立ち止まり、いきむ姿勢になります。このときには、羊膜に包まれた胎児の頭部が少し見えていました。

した。破れた羊膜に覆われた赤ん坊の体が地面に落ちる前に、彼女が片手で受け取りました。彼女は座り、すぐに赤ん坊の顔を、胸を、そして手や足をなめ始めました。でも、5分ほどで止めて、彼女は赤ん坊を胸に押し付けて、山の斜面を駆けあがって行きました。

彼女が走った方向は、群れのサルたちが山に戻っていった方向です。ケイが赤ん坊を産んでい

76 赤ん坊の顔があらわれた瞬間：1分ほどの長い陣痛の後、顔を上に向けて、赤ん坊の顔が出てきました。赤ん坊は口を開けて、鳴いているように見えますが、赤ん坊は声を出していません。母ザルのケイの後ろに座って見ているのは、2歳になる彼女の娘です。

る最中に、群れのサルたちは一気に山に戻って行きました。赤ん坊の頭が出てきたときには、そばで見ていたケイの2歳になる娘も、赤ん坊の全身が出てくるまでに、群れの後を追って山に上がって行きました。

ケイの姿が山の中に見えなくなってから、私は気が付きました。陣痛中も、赤ん坊が生まれる瞬間も、生まれてからの5分ほどの間も、とても静

77 赤ん坊の頭が垂れた状態：(上) 赤ん坊の頭だけが出た状態で止まり、胴体が出てきません。母ザルのケイが手を後ろに回して、赤ん坊の頭をつかんで引っ張るようにしました。彼女の2歳の娘は、この直後に、母ザルから離れ、山の中に戻った群れを追いかけていきました。(下) ケイは赤ん坊の頭を触った手をなめています。赤ん坊の頭は垂れています。2枚の写真は今川真治氏撮影。

78 赤ん坊が生まれ落ちる瞬間。頭が出てきてから1分少し経ったとき、母ザルがもう一度いきみました。そのとき、赤ん坊の体が出てきました。体には破れた羊膜が巻き付いていました。

かだったことです。群れのサルたちの鳴き交わす声やケンカの声はときどき耳に入っていました。でも、いきむケイの口からも、生まれた赤ん坊の口からも声は聞こえてきませんでした。ヒトの出産とは異なり、サルの出産はとても「静かな出産」でした。夜、休んでいる群れのそばで、出産するメスが陣痛の最中に大きな声を出したり、赤ん坊が大きな産声を出したりすれば、捕食獣に居場所を知らせることになります。捕食獣を引き寄せることになる目立つ行動は、出産中のメスだけでなく、群れの他のサルたちまで危険にさらすことになるでしょう。進化の過程で、サルたちは捕食獣に気付かれないような出産の仕方を獲得したのでしょう。

　私は、幸運にも、12年後に再び出産場面を目撃することができました。そのときは、陣痛の開始から赤ん坊の出産、出産から25分後の後産、そして、母ザルが胎盤を食べるところも記録できました。母ザルは10分ほどで胎盤を食べてしまい、岩に着いた血もきれいに舐めとりました。胎盤を食べ、周囲の血をなめとったときには、強く漂っていた血の臭いが消えていました。血の臭いに敏感な捕食獣に気付かれないようにするためには、出産間もない母ザルが胎盤を食べたり、血をなめとったりする行動はとても大事な行動だと、私は実感できました。

79 胎盤を食べる8歳のメス：赤ん坊が生まれて25分後に、胎盤が娩出されました。母ザルはすぐに食べ始め、約10分で、150グラムほどの胎盤を食べ終わりました。母ザルが胎盤を食べている間、赤ん坊は母ザルのお腹にしがみついていました。

死んだ赤ん坊を抱く母ザル

　4月から6月までの3カ月間が、神庭の滝の群

れの出産期です。生まれた赤ん坊がみんな元気に育つわけではありません。中には、死亡する赤ん坊もいます。そして、その死亡した赤ん坊を運ぶ母ザルもいます。

赤ん坊が死亡するのは生まれてから1カ月以内が多いようです。ちょうど梅雨時から夏本番の時期になります。そうすると、死亡して1日も経つと、白っぽかった赤ん坊の体が黒っぽくなり、強い臭いも出てきます。ハエもたかるようになります。母ザルはそのハエを手で払います。そして、赤ん坊の体を毛づくろいしたり、なめたりもします。母ザルが歩くときは、片手で赤ん坊の体の一部を持って運びます。これが死んだ赤ん坊を持った母ザルの姿です。

赤ん坊が元気なときには、母ザルは他のサルと毛づくろいをしたり、してもらったりしていたし、赤ん坊を触ろうとする年長の子ザルもいました。しかし、赤ん坊が死亡し、その体を持ち運ぶ母ザルの周りには、他のサルはいません。他のサルたちは避けるのです。でも、母ザルだけは、体の色が変わり、体のかたちも変わり、異臭を発する赤ん坊の死体を持ち運ぶのです。

それでも、母ザルが死亡した赤ん坊を運ぶのはせいぜい2、3日までで、1週間も持ち運ぶことは珍しいことです。また、生まれて2、3カ月経

80 死んだ赤ん坊を持ち続ける25歳の母ザル：(左上) 母ザルが死亡した赤ん坊を片手で抱えて、餌場に入ってきました。数日間、群れが餌場に入場しなかったその間に、この老ザルは出産しました。赤ん坊は生まれて2、3日で死亡したようです。(右上) 母ザルが右手で赤ん坊を持って座っています。(左下) 母ザルが赤ん坊の顎付近に口を近づけています。臭いを嗅いでいるのかもしれません。(右下) 母ザルが死んだ赤ん坊を地面において、小麦を拾っているときに、人が近づきました。母ザルはすぐに赤ん坊を引き寄せました。

過した子ザルの姿が急に見えなくなることがあります。死亡したと思われるのですが、そんな生後2、3カ月で死亡した子ザルを運んでいる母ザルを目にすることもとても珍しいことです。ニホンザルの母ザルが死亡した赤ん坊を運ぶのは、赤ん坊が生後1カ月くらいまでに死亡したときが多いようです。

　神庭の滝の群れで、死亡した赤ん坊を1カ月も持ち運んでいた母ザルがいました。2月の下旬に死亡した赤ん坊を抱いて餌場にあらわれました。死産であったのか、それとも生まれてすぐに死亡したのかはわかりません。神庭の滝の群れでは、最初の出産は早くても3月下旬が普通ですから、この赤ん坊は1カ月以上も早い時期に生まれた赤ん坊でした。まだまだ肌寒い時期ですから、赤ん坊の死体は腐ることなく、乾燥し、ミイラ化しま

81 19歳の母ザルと生後2、3日以内で死亡した赤ん坊：(上) 死亡後10日の赤ん坊を足元において、母ザルが小麦を拾って食べています。(下) 死亡後29日経過して、ミイラ化した赤ん坊を手に持って、母ザルが座っています。母ザルが赤ん坊を持つときは、いつも左手でした。

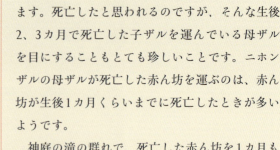

した。この赤ん坊の体を、母ザルはいつも左手に持って、歩いていました。地面において、草を食べているときに、私が近づくと、ギャッギャッと鳴きながら赤ん坊を抱きかかえ、それから私に威嚇の表情を向けていました。死亡した赤ん坊を守る行動です。

運び始めてからちょうど1カ月経過した日の午後、母ザルが餌場を小走りで、うろうろしていました。3、4メートルの木に登って、地面を見回すこともありました。岩の上に座って、頭を動かしてあちこち見ていました。こんなことをしている母ザルは、ミイラ化した赤ん坊を手に持っていませんでした。その赤ん坊を探し回っていたのです。どうして見失うようなことになったのかは、わかりません。でも、母ザルが死んだ赤ん坊を持ち運ばなくなる理由の1つに、赤ん坊を見失うということもありそうです。

82 赤ん坊の死体を探している母ザル：死亡した赤ん坊を持ち運んで、1カ月経過したある日の午後、その赤ん坊の死体を失ったようです。母ザルは餌場内を歩き回ったり、高いところに登って見回したりして、探していました。夕方、群れが山に戻るときも、最後まで、餌場の周囲で探していました。

怪我をした子ザルへの世話行動

ある年の夏の昼過ぎでした。餌場にある建物の柱に若いメスが目を閉じてもたれていました。そのメスにもたれるようにして、生後2カ月になる彼女の子ザルも頭を垂れて、座っていました。これぐらいの大きさの子ザルならば、母ザルに抱かれて眠っているのが普通です。

実は、この子ザルも母ザルも傷を負っていました。母ザルは6歳で、2カ月前に初産で、この子ザルを出産していました。母ザルは左ひじの内側に咬まれた傷跡がありました。子ザルの両方の

83 大きな咬まれ傷のある6歳の母ザルとその生後2カ月になる子ザル：母ザルは左肘に大きな咬み傷があり、生乾きの血が肘や腹部についていました。子ザルは足首をひどく咬まれており、特に、左足首は不自然な方向に向くほどの大きな傷でした。どちらも、元気なく座っているだけでした。

84 母ザルは傷を負っていない右腕で、赤ん坊を抱えて、2本の後ろ足で歩くことがたびたびありました。

　足首にも深い咬み傷があり、特に、左足は皮膚だけで足首がつながっているほどの大きな傷でした。母ザルも子ザルもオスに襲われて咬まれたものと思われますが、もちろん誰が咬んだのかはわかりません。

　その日の午後、母ザルはほとんど動くことがありませんでした。夕方の餌まきのときには、小麦を拾って、口に入れていましたが、子ザルは傍に座って、頭を垂れているだけでした。元気な生後2カ月の子ザルならば、小麦をつまんで口に入れたり、母ザルの傍で他の子ザルと戯れたりしています。大きな咬まれ傷を負ったこの子ザルはほとんど動くことができませんでした。

　この子ザルは動くことが難しいだけでなく、母ザルにしがみつくことも難しい状況でした。夕方の餌が終わり、群れが山に戻るとき、この母ザルは咬まれていない右腕で赤ん坊を抱えて他のサルたちと一緒に山に戻って行きました。

　翌日、群れが餌場に入ってきたとき、子ザルは母ザルの胸に自力でしがみつき、母ザルはケガを負っている左手を浮かして、他の3本の手足で歩いていました。だから、子ザルは少し回復したように見えましたが、その日の間にどんどん元気がなくなっていきました。飼育されているサルならば、獣医さんの治療を受けることもできるのですが、野生のサルたちです。人が触ることを決して許してはくれません。私は母ザルと子ザルを見つめるだけでした。

　餌まきのとき以外は、母ザルは子ザルからほとんど離れませんでした。座っているときも、横に

なるときも、母ザルは子ザルの傍でした。そして、とても興味深いことがわかりました。母ザルがこの子ザルを抱えて、他のサルに近づくと、それが群れの中で最も順位の高いオスやメスであっても、近づかれた方のサルたちが離れていくのです。咬まれて2日目、子ザルは自分で動く元気はありませんでしたが、まだ、息がありました。でも、群れのサルたちの反応は、死んだ子ザルを抱えた母ザルに対する反応とそっくりでした。

　その日の夕方、群れが山に戻るとき、母ザルは傷を負っていない右腕で、子ザルの体を自分の胸に押し当てながら、後足の2本で立つようにして歩いていました。

　翌日、母ザルが子ザルを抱えて、群れと一緒に餌場に入ってきたときには、子ザルはすでに死亡していたようです。私はその日の観察はできなかったので、餌場でサルを見ていた人に教えてもらいました。その日1日、母ザルは死んだ子ザルを持ち歩いていましたが、夕方になり、山に戻るときには、子ザルの死体を持っていませんでした。ときどき探すようなそぶりを示しながら、山に戻っていったと、教えてもらいました。

　2本の後ろ足が急に動かなくなった1歳の子ザルのことも紹介しましょう。夏の初めに、1歳のメスの子ザルが、両方の後ろ足を引きずって歩くようになりました。原因はわかりません。左足を動かすことはほとんどできなかったので、子ザルはわずかに動く右足と2本の前足で体を引っ張るようにして歩いていました。もちろん、山から餌場に入ってくるとき、餌場から山に戻るとき、子

85 母子が傷を負って2日目。子ザルの顔色は真っ白で、横たわるばっかりで、動くことはほとんどありませんでした。翌日、母ザルは息絶えた子ザルを抱えて、餌場に現れました。

86 足を急に引きずり始めた1歳2カ月のメスの子ザル。両足は、足裏を上に向けた状態で、ほとんど使えませんでした。

87　足が悪くなった1歳の子ザルを背に乗せる11歳の母ザル：(上) 母ザルが少しだけ下げた腰を子ザルに向けて、子ザルが近づくのを待っています。(下) 子ザルが両足を引きずって近づき、母ザルの背の毛を両手でつかみ、母ザルの腰に上がろうとしています。母ザルは子ザルがしっかりと背に乗るまで待ち、それから、歩き始めました。

88　後足が使えなくなった子ザルは、母ザルの背に乗って運んでもらうとき、両足をだらりと下げて、両手だけで、母ザルの背にしがみついていました。この子ザルは足を痛めて1カ月ほどで、姿が見えなくなりました。

ザルは母ザルの背中に乗って運んでもらっていました。餌場の中でも、母ザルが場所を大きく移るときには、子ザルは母ザルの背中に乗せてもらっていました。

　ケガをしてからは、子ザルが他の子ザルと遊ぶ姿は全く見られず、ほとんどの時間を母ザルの近くで過ごしていました。母ザルが動くときには、母ザルは必ず背中を子ザルに向けるか、あるいは、手で子ザルを触って背中に乗るように合図を送っていました。子ザルが母ザルの背中を両手でつかみ、体を引っ張り上げると、母ザルが歩き出していました。子ザルは母ザルの背中を両手でしっかりとつかんでいるだけで、両足はつかむ力がなく垂れていました。

　1歳の誕生日を過ぎた子ザルたちは母ザルの近くで過ごすよりも、元気に動き回る時間の方がずっと多くなります。母ザルの背中にしがみついて運んでもらうこともありますが、そんなときは、ゆっくりと歩き始めた母ザルの後方から子ザルが飛び乗っています。母ザルが背中を向けて立ち止まるときもありますが、その一瞬に走り寄った子ザルがその背中に飛び乗り、しがみつきます。これが元気な1歳の子ザルと母ザルの関係です。ところが後足がほとんど使えなくなった子ザルに対して、母ザルは待つということを行うようになりました。わずかな変化のように思えますが、このようなちょっとした母ザルの行動の変化だけでも、ケガを負った子ザルの生き延びる可能性は広がるはずです。子ザルの状態に応じて、母ザルはその関わり方を柔軟に変えることができるのです。

残念ながら、足を引きずるようになってから1カ月ほどして、この子ザルの姿は見えなくなりました。死亡したのだと思います。

養子を育てる

　珍しいことですけれど、母ザルに代わって、別のメスが子ザルの世話をすることがあります。私が観察した2つの事例を紹介します。最初は、自分の赤ん坊を育てているメスが、他のメスが出産した赤ん坊も一緒に育て始めた事例です。つまり、実子を持つ母ザルが同時に養子も育てた事例です。

　1994年6月に、生後5週のオスの赤ん坊を育てている母ザルが、さらにもう1頭のメスの赤ん坊を抱いているのを初めて目にしました。この母ザルは13歳で、5月にオスの赤ん坊を出産し、育てているのを確認していたので、メスの赤ん坊は、この母ザルの子どもでないことは確かです。しかも、実子に比べると、かなり小さく見えました。

　オスの実子を持つ母ザルが、他のメスが産んだメスの赤ん坊を育てているのです。養子です。残念ながら、養子となったメスの赤ん坊の母ザルが誰なのかを特定することはできませんでした。体の大きさの違いから、養子は、実子よりも、2、3週間遅く生まれたように見えました。その分、母ザルとくっついている時間も、おっぱいを口に含んでいる時間も、養子の方が多くなっていました。でも、母ザルは実子に対しても、養子に対し

89 13歳の経産のメスが生後5週の実子（向かって右側）と生後1週の養子に同時に授乳。実子は母ザルの右の乳首を、養子は左の乳首をいつも吸っていました。この写真のように、実子と養子の場所が、いつも吸っている乳首の場所と反対になると、子ザルたちは長く伸びるおっぱいを交差させて、いつもの乳首を吸っていました。

ても、同じように毛づくろいを行い、実子と養子の2頭を同時にお腹にしがみつかせて歩いていました。まるで、双子を育てているように見えました。

　その年の11月に、生後5カ月になっていた養子の姿が見えなくなりました。死亡したのだと思いますが、その理由はわかりません。でも、そのときまで、この母ザルは、実子と養子を同じように育てていたことは事実です。神庭の滝の群れで、このような実子と養子を同時に育てるのは、今回の事例が2回目です。他の地域のニホンザルの群れでも実子と養子を一緒に育てることはありました。だから、ニホンザルのメスは、自分の赤ん坊だけでなく、養子も育てることができるぐらい、子育ての能力が高い生きものと言ってよいのかもしれません。

　2つ目の事例は、19歳のメスが血縁の異なる1歳になる子ザルを養子として育て始めた事例です。朝夕が涼しくなり、神庭の滝に、秋が近づいた頃に、1頭のメスの姿が見えなくなりました。そのメスには生後5カ月のオスの子ザルがいました。正式な名前は長いので、エルと呼ぶことにします。秋が深まってからも、群れの中で、ときどき、ひとりでいる子ザルを目にしていたので、その子ザルが孤児になった子ザルのエルかな、と思いなが

90　3月末のまだ冷たい雨の中でひとりたたずんでいる生後10カ月のオスの孤児、エル。生後5カ月のときに母ザルの姿が見えなくなりました。でも、厳しい冬を耐えて、生き抜くことができました。

ら見ていました。抱いてくれる母ザルがいないから、冬を生き残るのは難しいだろうと思っていました。ところが、エルは厳しい冬の寒さを耐えることができました。

　春になったある日の朝、子ザルのエルを、通称ペッパーと呼ばれる19歳のメスが背中に乗せて運んでいるのを目撃しました。2007年5月3日のことです。とてもびっくりしました。オトナのメスが自分の子どもでもない子ザルを背中に乗せて運ぶということは本当に珍しいことだからです。

　その日、ペッパーがエルに毛づくろいすることが何度かありました。餌まきのときには、エルはペッパーの傍で小麦を拾って食べていました。ペッパーが歩き始めると、この1歳のエルとペッパーの3歳の娘が一緒に後ろをついて歩くようなこともありました。

　結局、その日はペッパーがエルを背中に乗せて運んだり、毛づくろいしたり、ふところに入れたりすることはあったのですが、授乳を見ることは一度もありませんでした。他方、ペッパーは、3歳の娘には1回だけでしたが、授乳していました。前日も、私は群れを観察していたのですが、ペッパーとこの1歳の孤児エルとの関わりを一度も目にすることはなかったので、このような実母と実子のように見える関係は、この日に、急に始まったのかもしれません。

　その3日後、ペッパーはエルを背中に乗せて運ぶだけでなく、エルに授乳するようになりました。エルがおっぱいを飲むことを許したのです。エルを抱いたペッパーの背には3歳の娘もくっつい

91 養母・養子の関係のスタート：(上) 5月初旬のある朝、あと1カ月で1歳の誕生日を迎えるとき、孤児のエルが血縁の異なる19歳のメス（通称ペッパー）の背に乗せて運んでもらい始めました。エルは顔をペッパーの背にくっつけています。母ザルを強く求めたり、不安になったりした子ザルがこのような乗り方をします。(下) ペッパーの背に乗せて運んでもらった日から、孤児のエルはペッパーのそばで、小麦を拾って食べることも始めました。

92 養母ペッパーから養子エルへの授乳：ペッパーの背中に乗せて運んでもらえるようになって3日後から、孤児のエルは、毎日、ペッパーのおっぱいを吸うようになりました。ペッパーの背には、3歳の娘がくっついています。この娘は3日前まで、母ザルのペッパーの乳首をときどき口に含んでいました。

93　養母ペッパーから養子エル（1歳）への拒否行動：（左）ペッパーが横になって、3歳の娘から毛づくろいを受けているとき、エルが乳首に口を近づけました。（中央）でも、ペッパーが右手を動かして、エルを少しだけ押しやりました。エルは顔を離して、声を少し上げました。（右）さらに、ペッパーが顔を上げてエルをにらむと、エルは頭を地面につけ、口を大きく開けて、ギャーギャーと鳴き叫びました。母ザルからおっぱいを拒否された子ザルがよくする「かんしゃく行動」です。

ています。こんな3頭の姿を見れば、母ザルが1歳と3歳の自分の子どもたちと仲良く一緒にいる、と誰もが思ったことでしょう。ペッパーは、実子を育てているかのように、養子のエルを育て始めたのです。逆に、それまで続いていた3歳の娘への授乳は終わりました。

　生後1カ月頃までの赤ん坊を養子として育て始めることは、神庭の滝の群れでも、他の地域の群れでもありました。でも、これまでにニホンザルのメスが1歳直前の子ザルを養子として育てたことはなかったはずです。だから、エルを育て始めたペッパーは1歳の子ザルを養子にした最初のニホンザルだと思います。

　エルの母ザルになったペッパーは、授乳を求めるエルを拒否したり、叱ったりすることも始めました。ペッパーは孤児のエルを受け入れて、優しく接するだけでなく、ニホンザルの母ザルが自分の子ザルによく行う拒否行動、攻撃的行動も行うようになりました。養母、養子の2頭の関係は、普通の母ザルと子ザルの関係と全く同じになったのです。

　エルは最初の冬をひとりで耐えました。でも、1歳半で迎えた2回目の冬はひとりではありませんでした。養母のペッパーに抱いてもらったり、

94　養子のエル（1歳8カ月）を背中に乗せて雪の中を歩く養母のペッパー：孤児エルの2回目の冬は、養母のペッパーと一緒でした。雪の中を自分で歩く必要はありません。ペッパーの背に乗せて運んでもらえました。ペッパーに抱いてもらえたし、おっぱいも飲むことができました。エルの2回目の冬は、初めての冬よりもずっと暖かい冬だったはずです。

背中に乗せて運んでもらったりしたので、1回目の冬に比べると、ずっと暖かい冬になったと思います。

そして、エルが2歳の春を迎えたとき、ペッパーのお腹が膨らんできました。妊娠です。エルが2歳になって1週間後に、ペッパーが赤ん坊を出産しました。それからは、エルがペッパーのおっぱいを吸うことはなくなりましたが、ペッパーからエルへの毛づくろいは続きました。エルが3歳になってからもときどき、ペッパーに毛づくろいをしてもらっているエルの姿を目にすることができました。エルは4歳を過ぎるとほとんどの時間を歳の近いオスたちと一緒に過ごすことが多くなり、そして、5歳までに群れを離れていきました。

95 養母・養子の関係になってから1年後のペッパーとエル：ペッパーがエルを養子に迎えて1年が過ぎました。エルは2歳になり、背中にくっついている娘は4歳になりました。そして、ペッパーのお腹にも新たな命が宿っています。1カ月後にオスの赤ん坊を出産しました。

草の根を洗って食べるメスたち

　ニホンザルは実にさまざまな食べ物を食べます。草、葉、花、果実、種子、樹皮など、地上でも、樹上でも、四季折々に野山に育つものを食べています。春を告げる桜の花を食べ、新緑の季節には一気に芽吹く木々の新芽や新葉を食べます。緑の中に赤や橙色の目立った色をつける野イチゴや少し黒っぽい色のヤマグワはサルたちの大好物です。夏が近づくと、サルたちはイタドリの茎を折り取

96 イタドリの皮をむいて食べる20歳のメス：このメスのように、どのサルもイタドリの茎を折り取り、薄皮を向いてから食べます。このメスはむいた薄皮の端を右手にもっています。

り、無駄のない手の動きで薄皮をむいてから、みずみずしい茎を食べます。秋は実りの季節です。クリはサルたちの大好物です。

　冬になると、サルたちの食べものは限られてきます。秋の間に地上に落ちた木の実を探して食べたり、冬も緑を保つ硬い葉っぱを食べたり、さらには、樹皮をかじったりもします。土を掘って、草の根っこを抜き出して食べることもあります。ここまでは、ニホンザルのメスもオスも同じことです。ところが、食べ物の食べ方で、神庭の滝の群れのメスとオスの間で違うことが1つだけあります。それは土の中から掘り出した草の根に付いた土の落とし方です。

　普通の食べ方は、掘り出した10センチから20センチの草の根の端を片手で持ち、もう一方の手で草の根を握るようにしてしごいて、土を落とします。それを何度か行ってから、食べます。これはメスでも、オスでも同じように行います。つまり、草の根を掘り出すと、すぐにその場で土を落として食べるのが普通の食べ方です。

　ところが、メスの中には、掘り出した草の根を川辺まで運び、川の水につけて揺らす、それから、草の根を手でしごく、さらには、平らな岩の上に

97 草の根洗い行動：7歳半のメスが、掘り出した草の根を川まで運び、水の中につけて、手でこすったり、平らな岩の上で転がしたりして、土を落としてから食べています。隣は、彼女の生後8カ月の息子です。彼女の食べ残しの根を食べることもあります。草の根を洗って食べるのは、優劣順位の高い血縁系の一部のオトナのメスに限られています。草の根を上手に掘り出せない子ザルでは、草の根洗いはできません。母ザルが草の根洗いをすると、その娘もオトナになると同じように草の根洗いをすることが多いようです。

ぬらした草の根を置いて、両手で転がす、などのことをします。時間にして1分もかからないことですが、草の根を洗って、土を落としてから食べるのです。このようにして洗った草の根は白っぽくなりますから、土はほとんどついていないでしょう。掘り出した草の根を手でしごいて土を落とすだけよりも、洗った方がずっときれいになるのは確かです。

川から数メートルほどまでのところで、草の根を掘り出しているときに、その根を川まで運ぶことが多いのですが、20メートルほどの距離を運んで洗うこともあります。しかも、川まで運ぶときは草の根を1本だけではなく、1本ずつ掘り出した草の根が2本とか、3本、ときには5、6本までになったときに、一緒にして片手でつかんで川まで運びます。そこで、1本ずつ洗って食べます。実に、効率的、経済的な食べ方です。ニホンザルはこれほど高い知性を持っているのです。

草の根洗いをするのはどうしてメスだけなのでしょうか。しかも、メスの中で順位の高い血縁系の一部のメスに限られています。食べ物が少ない冬は、草の根も大事な食べ物です。だから、順位が低いサルたちは草の根を掘ったらすぐその場で食べるのです。順位が高いメスだけが、川まで運び、洗ってから食べるという時間がかかる食べ方もできるのでしょう。そして、オスの子ザルに比べるとメスの子ザルは母ザルと一緒に過ごすことが多く、母ザルの草の根洗いを見て育っているのでしょう。だから、オトナの年齢近くになって自分で草の根を掘り出せるようになったら、川で洗

98　4歳半のメスが川で、草の根を洗っています。このメスの母も祖母も草の根洗いをしています。彼女たちは優劣順位が最も高い第1位血縁系のサルです。

99　掘り出した数本の草の根を束にして運ぶ第1位血縁系の15歳のメス：草の根を1本ずつ掘り出して、2本から5、6本になると一緒につかんで、川に持って行き、洗って食べます。1本掘っては、川まで運んで、洗って食べることに比べるとずいぶん効率的、経済的です。

100 掘り出した草の根を雪の上で転がし、土を落として食べる11歳のメス：このメスが掘り出した草の根を川まで運んで、洗って食べるのは一度も観察されていません。でも、雪が積もっていると、掘り出した草の根を雪の上で転がして土を落としてから、食べています。神庭の滝の群れでは、雪を使って草の根の土を落としてから食べるサルの姿はよく見られます。

うことも始めるのだと思います。

　草の根を洗って食べるのは一部のサルに限られていますが、雪が積もっていると、掘り出した草の根を、雪の上で転がして、それから手でしごいて、また、雪の上で転がしたりして、土を落とすサルもいます。もちろん、雪を用いると草の根に付いた土はかなり落ちます。神庭の滝の群れでは、雪を用いて土を落としてから食べるのは珍しいことではありません。長く行われてきた行動なのでしょう。雪の上で土を落とすことを知っていたサルの何頭かが、あるとき、川で草の根を洗って食べることを始め、それが娘、孫娘などの一部のサルだけに引きつがれているのかもしれません。

101 体を横にしてひとりで寝ている25歳の老メス：老いると、横になっている時間が増えてきます。逆に、他のサルと関わる時間が少なくなります。

老メスの体と暮らし

　神庭の滝の群れには25歳や26歳で出産したメ

19歳

23歳

27歳

30歳

スがいますが、これはとても珍しいことです。ほとんどのメスは20歳過ぎに最後の出産をし、その後は、少しずつ体のあちこちに老いが表れ、25歳頃までには群れから姿を消します。山の中で息絶えて、自然に戻っていったのでしょう。

　20歳を過ぎるとそれまでのつやつやした毛並みがバサバサした毛並みになります。梅雨明け頃に始まる冬毛から夏毛への換毛も目立たなくなります。体もやせ、腰が曲がるサルもいます。走ることが少なくなり、逆に横になっている時間が増えます。そして、顔もそれまでの張りのある皮膚から、皺が深くなり、色つやもあせてきます。もちろん、老いが目立つサルもいれば、目立たないサルもいます。老いもサルそれぞれです。

　その他にもサルの「老い」を示す特徴的な行動があります。それは、群れのどのサルも日常的に行っている毛づくろいです。20歳のサルでは、まだ若いサルと同じような毛づくろいです。22、3歳頃から「そろそろ始まって来たかな」と思える毛づくろいをするサルがいます。そして、25歳まで長生きできたサルになると「しっかりと始まったな、人と同じだな」とわかる毛づくろいです。毛づくろいをするとき、20歳頃までのサルたちは、背中を曲げ、目を指先のすぐそばまで近

102 1頭のメス（通称ペット79'87）の顔の加齢変化：20歳前では肌につやがあり、皺のない顔ですが、20代中頃からは皺が目立ち始めました。30歳になると深い皺が顔一面に広がっています。

103 毛づくろいでわかる1頭の老ザル（通称ペット79'87）の老眼。（上の3枚）ペット79'87の20歳、23歳、26歳のときの毛づくろい。彼女が20歳のときには、肘を曲げて、目を手元に近づけて毛づくろいしていましたが、23歳になると少し、肘が伸びるようになりました。26歳になると肘をそれほど曲げずに、腕を伸ばすようにして毛づくろいをするようになりました。老眼です。（下）27歳のペット79'87（右端）が6歳の孫娘（中央）に毛づくろいしています。孫娘はその母ザル（14歳）に毛づくろいしています。27歳の祖母と6歳の孫娘では、目から手先までの距離が大きく異なります。27歳の祖母は老眼が進んでいます。

づけて、毛づくろいをします。ところが、25歳前後になると、ほとんどのサルは目を指先から離すために、腕を伸ばして、背筋をまっすぐにするような姿勢になります。つまり、毛づくろいのとき、若いサルでは目と指先の距離がわずかですが、老ザルになるとずいぶん長い距離になるのです。老眼です。サルも、人と同じように、老眼になります。毛づくろいの仕方で、老眼かそうでないかがわかるのです。もちろん、老眼の度合いもサルによって異なります。

老眼になると、小さいもの、細かいものは見づ

らいはずなのですが、それでも毛づくろいをしています。このことから、メスのサルたちにとって、毛づくろいがどれほど大事な行動であるのかがよくわかると思います。

ただ、20歳を過ぎると、若いサルに比べると毛づくろいの時間は少なくなるようです。毛づくろいの相手は、自分の娘や孫娘、あるいは姉妹などが中心になり、血縁の異なるメスへの毛づくろいはかなり少なくなります。それでも、20歳を過ぎた同い年のメス同士、あるいは1、2歳違いのメス同士での毛づくろいもときどき見かけます。子ザルのときの遊び友達が、オトナになって子育てするようになると毛づくろいを通した関係になり、さらに歳を経て老ザルとなっても、若い頃に築いた親しい関係をときどきの毛づくろいで確認し合っているのです。

ニホンザルには厳格な優劣順位があることは、すでに紹介しました。母ザルは娘よりも、妹は姉よりも優位で、1つの血縁系のメスたちはそろって他の血縁系のメスよりも優位（あるいは劣位）になるということでした。だから、例えば、群れの中に、いくつかの血縁系があり、オトナのメスたちが合わせて50頭いる場合、その50頭のメスを順位に従ってほぼ直線的に並べることができます。それでは、老いが目立つ20代中頃のメスたちの順位はどうでしょうか。老いると順位も下がるのでしょうか。

神庭の滝の群れでは、25歳を過ぎて体力的には老化が目立ってきた母ザルでも、順位は娘たちよりも優位だし、娘たちが優位を保っている別の

104 同じ年に生まれた血縁の異なる老メス同士の毛づくろい：（上）共に1983年生まれで、撮影時に23歳のメス同士の毛づくろい。（下）共に1984年生まれで、撮影時23歳のメス同士の毛づくろい。どちらも、毛づくろいをしているメスは、老眼が始まっているようです。どちらのペアも互いに毛づくろいをし合う親しい関係は、ワカメスの頃から20年近く続きました。優劣順位も変わらず、上の写真の2頭では、毛づくろいを受けているメスがずっと優位でした。下の写真の2頭では、毛づくろいをしているメスがずっと優位でした。

105 老母（左）から娘への威嚇：27歳直前の老母が19歳直前の娘に威嚇すると、娘は口を開けて歯茎まで露出する恐怖の表情——劣位を示す表情——を出しました。老母は、1年半後の28歳のときに、群れから姿を消しました。死亡したのでしょう。姿を消すまで、老母は3頭の娘、7頭のオトナになった孫娘、そして1頭のオトナになった曾孫娘よりも優位を保っていました。そして、この老メスは妹や妹の娘たちよりは劣位で、姉や姉の娘、曾孫娘よりも優位でした。亡くなるまで、多くのサルたちとの順位関係を理解し、その順位を下げることはありませんでした。

血縁系のメスたちに対しては、老いた母ザルも優位を保っています。老いのために順位が下がるということは、神庭の滝の群れではありません。

25歳を超えた老メスたちはそれぞれ自分が他の誰よりも優位で、誰よりも劣位であるのかをしっかりと理解しています。優位のサルが近づいてきたら、そのサルを見つめないで、少しうつむき加減になる、あるいは、その場から離れるなどの劣位の行動をします。劣位のサルに対しては、ときどきですが、威嚇の表情を示したり、場所を退けさせたりもします。老メスたちは他のサルとの優劣順位関係をしっかりと理解しているので、このように適切に行動できるのです。神庭の滝の群れでは、まだ認知症と思えるような行動を示すサルはあらわれていません。ほとんど最期のときまで、群れの中で、他のサルたちと適切に関わりながら暮らしています。

生後2カ月の孫の世話をする老メスのマッチ

2008年7月下旬のある朝、マッチというニックネームがついている24歳のメスが、お腹に赤ん坊をしがみつかせて歩いているのを、私は目撃しました。でも、すぐにマッチが赤ん坊を産んでいなかったのを思い出しました。だから、個体識

別を間違ってしまったのかなと思い、もう一度そのメスの顔をしっかりと見直しました。でも、やはりマッチでした。お腹にしがみついているのは生まれて間もない赤ん坊ではなく、生まれてから1カ月から2カ月ほどの子ザルでした。

マッチはその子ザルを胸に入れたり、毛づくろいしたり、子ザルが少し離れると手で引き戻したりしていました。子ザルがマッチの胸にしがみついて乳首を口に含むこともありました。マッチは乳首を吸われることを気にするようなそぶりを全くしませんでした。こんな光景を見た人は誰でも、マッチとその子ザルの関係を母と子と思ったでしょう。でも、マッチは出産していなかったから、この子ザルはマッチの子でないのは確かです。

群れのメスを1頭ずつチェックしていくと、どうしても見つからないメスが1頭いました。それはマッチの6歳の娘で、2カ月ほど前にメスの赤ん坊を産んでいました。やっとわかりました。マッチが抱いているのは、マッチの娘の子どもで、マッチの孫娘でした。なぜ、6歳の娘がまだ2カ月の子ザルを残して群れからいなくなったのかはわかりません。でも、祖母のマッチが母代わりをしていたのです。

それから、ちょうど1週間経ったときです。またまた驚かされる光景を目撃しました。マッチが横になったマッチの娘に毛づくろいしているのです。マッチの娘のお腹には、生後2カ月の子ザルがもたれておっぱいを吸っていました。マッチの娘が群れに戻ってきたのです。

小さな子ザルを持ったメスザルが、その子ザル

106 24歳の祖母による生後2カ月の孫娘への世話行動：(上) 祖母の通称マッチが孫娘をお腹にしがみつかせて運んでいます。少なくともこの日までにマッチの6歳になる娘は群れから一時的にいなくなっていました。(中) マッチは少し離れた孫娘に手を伸ばして抱き入れるようにしています。ニホンザルの母ザルがよくする回収行動です。(下) 孫娘がマッチの胸にしがみついて乳首を吸っています。マッチはこの数年間出産していなかったので、母乳は出ていません。

107 マッチが群れに復帰した娘に毛づくろいしているところ：まだ生後2カ月の孫娘の世話をしているのを目撃してから1週間後に、マッチの6歳になった娘が群れに戻ってきました。マッチは娘に毛づくろいし、子ザルは母ザルであるマッチの娘からおっぱいを飲んでいます。マッチの娘が、生後2カ月の子ザルを群れに残したまま、群れから離れていた理由は全くわかりません。

をおいて、1週間も群れから離れるということは、それまでの神庭の滝の群れでは一度もありませんでした。1日や2日であっても、そのようなことはありませんでした。だから、なぜマッチの娘が子ザルを置いて、群れを一時的に離れていたのかは、全くわかりません。でも、たとえ1週間ほどでも、生後2カ月の子ザルが母ザルからの世話を受けないで、生き残ることは不可能です。

　生後2カ月の子ザルは自分で草や葉っぱなどを食べ始めています。でも、まだまだ母ザルのおっぱいが必要です。歩くことはできても、森の中を群れのサルたちについて自分の力で歩いていくことは不可能です。雨の日や夏でも温度が下がる夜に、子ザルが誰からも抱いてもらえないと体温が下がるかもしれません。だから、母ザルがいなかった少なくとも1週間ほどの間、祖母のマッチが生後2カ月の孫娘の面倒を見ていたから、孫娘

は生き残れたのだと思います。マッチは数年間、出産していなかったので、おっぱいは出てなかったはずです。子ザルは柔らかい草や葉っぱを少しはかじることができたので、それが水分補給になったのでしょう。マッチのおっぱいの出ない乳首を吸っていたのは、子ザルにとっては心を落ち着かせるおしゃぶりだったのかもしれません。でも、母ザルの不在がもっと続けば、マッチが世話をしていても、おっぱいが出ないので、この子ザルは栄養不足や脱水症状になり、生き残ることはできなかったはずです。

　マッチは娘が戻ってきてからも、ときどき孫娘を抱いたり、背中に乗せて歩いたりすることがありました。孫娘への世話行動が続いたのです。マッチが孫娘の世話をしている間、マッチの娘は離れたところで草や葉っぱなどの採食をしていることもありました。自分の子どもを母に任せて、その間にしっかりと食べていたようです。マッチはときどき孫の面倒をみて、おばあさんの役割を果たしていたのです。

1歳の孫の世話をする老メスのテラ

　マッチが幼い孫を母ザルに代わって面倒を見め始めた頃、神庭の滝の群れで、もう1つのびっくりするような出来事が始まっていました。23歳の老メスが1歳の孫娘の世話を始めたのです。老メスの正式な名前はテラ68'73'85なのですが、長いので、ここではテラと称します。テラの12歳の娘がオスの赤ん坊を出産しました。前年にも

108 マッチの娘が群れに復帰してからも続く祖母のマッチと孫娘の親密な関係：（上）岩の上にマッチが座っていると、孫娘が近づいてきて、胸にもたれました。でも、乳首を口に入れることはありませんでした。（中）マッチが生後4カ月の孫娘を背中に乗せて歩いています。（下）写真右上にマッチが座っています。その横で孫娘が探索遊びをしています。そこへマッチの娘が戻ってきました。彼女は、母のマッチの横に自分の幼い娘を残して、50メートル以上離れたところで、採食をしていました。母に幼い娘を預けて、採食に専念していたようです。

109 23歳の老メス、テラが孫娘で1歳のピッコロの世話を始めた瞬間

2008年7月11日の午後1時57分、テラが6歳の孫娘の頭に毛づくろいをしています。テラは老眼が始まったようです。テラの横で毛づくろいをしているのはテラの12歳になった娘。12歳の娘は、2年連続の出産をし、お腹にオスの赤ん坊を入れながら、横になっている1歳の姉、ピッコロに毛づくろいをしています。

午後2時21分、ピッコロが母の乳首にゆっくりと顔を近づけています。このとき、生後2カ月になる弟は母から離れていました。このときは、母がピッコロの顔を押し戻したので、ピッコロは母の乳首に触れることはできませんでした。

午後2時30分、テラ（左）がピッコロを抱いて毛づくろいしています。母におっぱいを許してもらえなかったピッコロは、隣に座っていた祖母のテラの胸に入り、乳首を口に入れました。母の胸には弟が戻ってきておっぱいを吸っています。

メスの子を産んでいたので、年子出産です。弟が生まれて2カ月後、1歳の姉（ピッコロというニックネームを付けました）が、母ザルの横に来て、母ザルの乳首を見ながら顔をゆっくりと母ザルの胸に近づけました。ピッコロは母ザルの乳首を触ろうとしていたのです。ちょうど弟が母ザルの胸から離れているときでした。弟が生まれても、母のおっぱいを卒業できないようです。伸ばした頭はすぐに、母ザルから押し戻されました。母ザルはおっぱいを求める1歳の姉にダメ出しをしたのです。それから10分ほどのちに、ピッコロが隣に座っていた祖母であるテラの胸に抱かれて、テラの乳首を吸っているのを目撃しました。テラは数年間赤ん坊を出産していませんので、おっぱいは出ません。テラはおっぱいの出ない乳首をピッコロに吸わせながら、その背中の毛づくろいをしていました。

　そのときから、老いた祖母のテラは孫娘のピッコロの世話を始めました。抱く、おっぱいを吸わせる、毛づくろいをする、背中に乗せて運ぶなど、母ザルが自分の子にする世話行動を一通りしていました。ピッコロは母ザルにくっついて毛づくろいをしてもらったりすることはあったのですが、テラと過ごすことの方がずっと多かったのです。ピッコロは赤ん坊の弟の世話をする母ザルではなく、祖母のテラを頼るようになったのでした。テラもそのような1歳の孫娘のピッコロを受け入れました。ピッコロが他のサルに威嚇されて悲鳴を上げると、テラが駆けつけて、助けに入ることもありました。

ニホンザルでは母ザルが年子出産をすると、ほとんどの1歳の姉や兄は、母ザルに頼ることが少なくなり、ひとり立ちが加速するのですが、中には、ピッコロのようにまだまだ母ザルを求めたい1歳の兄や姉もいます。そんな1歳の子ザルの気持ちを母ザルに代わって受け入れたのが祖母のテラだったのです。テラは老いて自分の子を産み育てることはできなくなりましたが、幼い孫の世話をしっかりとしていたのです。

テラがピッコロから乳首を吸われるようになって1カ月ほどしたら、実際におっぱいが出てきました。それからは、乳首をただ口に含むだけでなく、ピッコロはしっかりとおっぱいを飲めるようになりました。テラがピッコロを胸に入れておっぱいを飲ませたり、毛づくろいしたり、背中で運んだりするのは、それから1年以上続きました。

ほとんどの哺乳類のメスは、寿命が尽きる近く

110 23歳の祖母、テラが1歳の孫娘、ピッコロの世話を始めた2008年7月11日の出来事：（上）孫娘のピッコロが胸に入って乳首を吸うのを受け入れた祖母のテラは、ピッコロを背中に乗せて運ぶことを始めました。（下）テラが座ると、ピッコロはテラの胸に入り、テラの背中にまで手を伸ばしてしっかりとしがみついています。弟が生まれてから2カ月間、ピッコロは一度も母から抱いてもらえませんでした。それを取り返すかのように、ピッコロがしっかりとテラにしがみついています。

111 おっぱいが出始めたテラ：ピッコロがテラの乳首を吸い始めてから1カ月ほど経過すると、おっぱいが出始めました。テラは数年間出産していなかったので、それまではおっぱいは出ていませんでした。ピッコロが乳首を含んだ口をリズミカルに動かすようになったのが、その証拠です。ピッコロはいつもテラの左乳首を吸っていました。後方のメスはピッコロの母ザルで、テラの娘。

112 祖母のテラ（左）が孫娘のピッコロを、テラの娘（右）がピッコロの弟を抱いての授乳：テラがピッコロの世話を初めて9カ月が経過しました。2歳直前のピッコロはまだテラのおっぱいを吸っています。テラの娘も1歳前の子に授乳をしています。この時期は、テラと娘が並んで授乳する姿をよく見かけました。

113 母ザルから毛づくろいを受けるピッコロ：祖母のテラに抱いてもらったり、運んでもらったりするようになってからも、ときどき、母ザルから毛づくろいを受けていました。しかし、毛づくろいをしてもらう時間、一緒にいる時間は、母ザルよりも祖母のテラの方がずっと長くなりました。

まで子を産み、育てています。だから、オトナのほとんどの期間に出産ができる、と言い換えることもできます。ところがヒトの女性だけは寿命の折り返しぐらいの時期に排卵が終わり、子を産めなくなります。つまり閉経です。だいたい50歳頃です。その時期を過ぎてからも長く生きるのがヒトの特徴です。なぜ、ヒトは閉経してからも長く生きるような体を進化させたのでしょうか。この疑問に答える仮説として、「おばあちゃん仮説」が提案されました。自分で子を産み、育てることは自分の遺伝子を残すことです。高齢になったら、自分の子を産んで遺伝子を残すのではなく、自分の遺伝子を引き継いでくれている孫の世話をして、孫が生き残ることが、自分の遺伝子を残すことにつながるのです。この仮説を支持するかのように、アフリカの狩猟採集民では、祖母がいない幼児よりも、祖母のいる幼児の生存率が高いことが確認されています。

老齢のマッチとテラが若い孫の世話をしたエピソードは、ニホンザルでもこの「おばあちゃん仮説」が当てはまることを示しています。神庭の滝の群れでは60年にもわたって個体識別をしながら、サルたちの暮らしぶりが詳しく調べられています。だから、ヒトと同じように、メスの老ザルも最後まで群れの中で他のサルと関わりながら、孫の生存にも役立っていることを明らかにできたのです。

114 祖母のテラから2歳5カ月のピッコロへの授乳：ピッコロが1歳2カ月のときから始まった授乳は、ピッコロが2歳5カ月の頃を最後になくなりました。神庭の滝の群れでは、ほとんどの子ザルは2歳までに離乳しますので、テラからピッコロの授乳は長く続いたと言えます。授乳をしているテラは、姪の娘から毛づくろいを受けています。

115 祖母のテラ（左、25歳）と母ザル（14歳）から毛づくろいを受ける3歳4カ月のピッコロ：ピッコロが祖母のテラと母ザルから同時に毛づくろいを受けるのはとても珍しいことです。ピッコロはテラと母子のような関係になってからも、母ザルに近づきときどき毛づくろいを受けていました。でも、3歳を過ぎてからもテラとピッコロの親しい関わりは、ピッコロと母ザルのものよりもずっと頻繁にありました。25歳のテラは老眼になっています。

116　27歳のときのバーチャン（通称ペット79）：彼女は、25、6歳のときから、口を突き出して、クギャークギャーとよく鳴き始めました。そこで、「お鳴きバーチャン」というニックネームが付きました。ここでは、バーチャンと称します。

老メスのバーチャンの最期

　28歳で、長い一生を終えた老メスがいます。「お鳴きバーチャン」というニックネームがついていました。正式名はベラ53'71'79です。母ザルにはペットという通称があったので、その母から1979年に生まれたことを示す「ペット79」という通称で、私たちは呼んでいました。彼女が25、6歳の頃から、餌まき時間のかなり前から、他のサルは鳴かないのに、ひとりクギャークギャーと低く鳴くようになったのです。餌を求める声だったと思います。だから、いつの間にか「お鳴きバーチャン」というニックネームが付きました。ここでは、バーチャンと言うことにします。

　バーチャンは亡くなる前年の27歳のときでも、背中はまだ曲がっておらず、ほとんどの歯が抜けないで残っていました。毛づくろいのときも、若いサルと同じように目を手元に近づけていたので、老眼にはなっていなかったようです。でも顔いっぱいに皺が広がり、かなりバサバサした毛並みが、彼女の老いを示していました。

　バーチャンは21歳で最後の出産をし、28歳で亡くなったので、7年間も老年不妊期がありました。多くのニホンザルのメスは最後の出産をして2、3年以内で死亡するので、バーチャンはか

117　27歳のバーチャンは、背中もほとんど曲がっておらず、まだしっかりと歩くことができました。ただ、毛並みは少しバサバサとしており、老いを感じさせました。

なり長い老年不妊期を過ごしたことになります。バーチャンが26歳のときに、群れには18歳、9歳、7歳、5歳の4頭の娘がいました。バーチャンがそれぞれ8歳、17歳、19歳、21歳のときに産んだ娘たちです。

　他の老メスと同じように、バーチャンも老メスと言われる歳になってからも、娘たちと毛づくろいのやりとりをし、一緒に過ごしていました。でも、バーチャンが4頭の娘と均等に付き合っていたわけではありませんでした。毛づくろいを最も頻繁にやり取りするのは四女の末娘で、逆に、長女との付き合いは、歳を経るにつれて減っていきました。バーチャンが26歳のとき、長女は18歳で、彼女にも娘と孫娘がいました。だから、長女は母のバーチャンとではなく、自分の娘や孫娘との付き合いがずっと多くなっていました。一方、四女は5歳で、初産で生まれた授乳中の子ザルがいるだけでした。だからオトナになったとはいえ、四女の最も大事な毛づくろい相手は母のバーチャンでした。そのとき次女は9歳、三女は7歳ですから、それぞれまだオトナの娘はいません。だから、この2頭の娘もバーチャンは大事な毛づくろい相手でした。でも、バーチャンと一緒にいるのが最も長く、毛づくろいのやりとりが多いのは四女の末娘でした。バーチャンと4頭の娘たちそれぞれとのこのような関係は、バーチャンが歳をとるごとに、一層はっきりしてきました。バーチャンが亡くなる前年の27歳のときには、バーチャンと長女との間で毛づくろいを見ることは一度もありませんでした。

118　27歳のバーチャンと6歳の末娘（四女）、その間の子ザルは末娘の1歳半の子：冬の午後、気温が下がってきたとき、バーチャンと四女は固まってサル団子を作っています。バーチャンが一緒にいたり、毛づくろいしたりすることが多かったのはこの四女の他には、次女と三女でした。

119 28歳の夏、バーチャンは急に群れから離れました。9日目に群れに戻りましたが、その前日、ひとりで餌場に入ってきました。背中に5センチほどの咬まれ傷がありました（写真では、少し白っぽく見えているところです）。すでに傷口は閉じており、バーチャンの歩き方も普通でした。体力が戻ってきたので、バーチャンは餌場まで、山の中から降りてくることができたのでしょう。

　28歳の夏、バーチャンの姿が急に群れから消えました。でも、9日後に、再び、群れに合流しました。その前日、バーチャンが餌場に入ってきました。この日は、群れが餌場に入ってきませんでしたので、彼女はそのままひとり餌場で過ごしていました。バーチャンの足取りはしっかりしており、顔色も普通で、元気そうに見えました。自分の体への毛づくろいも、餌場に彼女のためにまかれた小麦をつまんで口に入れることも、両手を普通に動かしてできていました。ただ、背中の中央に5センチほどの、そして左ひじの内側にも2センチほどの裂傷がありました。傷はすでにふさがっていましたが、背中の傷はかなり大きかったようです。オスに咬まれたのではないかと思いましたが、この推測が正しかったとしても、誰が咬んだのかはわかりません。この傷が元で、群れと一緒に歩けなくなったのかもしれません。傷が少し治って、バーチャンは山から餌場に歩いて入ってくることができるようになったのでしょう。

　そして、その翌日です。昼頃にバーチャンがひとりで餌場に入ってきました。バーチャンの体には、昨日と違うところが1つだけありました。背中の傷が化膿し始めていたことです。1時間ほどのちに、群れが餌場に一気に入ってきました。先頭のサルが入ってきただけで、バーチャンは餌場から50メートルほど離れた草の中に入ってしまいました。群れを避けているのです。やはり、背中の大きな傷は群れの中の誰かに咬まれたものだったのかもしれません。

　でも、半時間ほどして、バーチャンは餌場で休

んでいるサルたちの前に姿をあらわしました。何頭かのメスの横を通り過ぎて、1頭のオトナメスに近づいて座り、毛づくろいを始めましたが、数秒で止めて、別のメスに毛づくろいを始めました。こちらも30秒ほどのわずかな時間の毛づくろいで終わってしまいました。どちらのメスも、バーチャンよりは順位の低い、血縁の異なるメスでした。しかも、これまでに、バーチャンが毛づくろいをすることはもちろん、してもらうこともなかったメスたちです。

　その後、バーチャンは3頭の子ザルから毛づくろいを少し受けました。それから、11歳の次女にまっすぐ歩いて近づき、そばに座るとすぐに毛づくろいを始めました。毛づくろいの交替はなく、バーチャンから次女への毛づくろいが10分ほども続きました。

　そこへ、バーチャンの末の妹（15歳）が近づいてきて、バーチャンに毛づくろいを始めました。妹は長姉であるバーチャンよりも優位であるだけでなく、群れのメスの中で最も順位の高い第1位メスでした。当時、バーチャンには15歳、19歳、24歳の3頭の妹がいました。バーチャンがこの15歳の末の妹と毛づくろいをし合う姿は、前年から一度も見られず、他の2頭の妹とも毛づくろいはありませんでした。それほど疎遠になっていた妹たちの中の1頭が長姉であるバーチャンに近づいて毛づくろいを始めたのですから、私には大変な驚きでした。

　妹からバーチャンへの毛づくろいは3分ほど続いたとき、妹がバーチャンの背中の化膿した傷を

見て、すぐに毛づくろいをやめてしまいました。

　そうすると、バーチャンが歩いて、2メートルほど横に来ていたバーチャンの7歳になった四女の前に横になりました。毛づくろいを求める合図です。末娘でもある四女はバーチャンに毛づくろいを始めました。バーチャンと四女の毛づくろいは交替しながら50分ほど続きました。バーチャンと四女の毛づくろいは以前からよく見られましたが、これほど長く続いているのは初めてのことだったと思います。本当に珍しいことです。

　四女との毛づくろいを終えたバーチャンは、今度は20歳になった長女に歩み寄りました。長女が横になったので、バーチャンが毛づくろいを始めました。2分ほどすると、さっきまでバーチャンと毛づくろいをし合っていたバーチャンの四女が近づいてきました。四女よりも順位の低い長女は起き上がって去って行きました。わずか2分の毛づくろいですが、この1年半の間に一度も毛づくろいのなかったバーチャンと長女の間に、その毛づくろいがあったのです。これも驚くような出来事です。

　その後に、バーチャンから9歳になった三女への毛づくろいもありました。これで、バーチャンは群れに合流した初日に、20歳の長女、11歳の次女、9歳の三女、そして

120　群れに戻った直後のバーチャン（28歳）が関わった娘たちと妹：バーチャンは群れと合流すると、4頭の娘たち全員と1頭の妹と次々に、毛づくろいをしたり、してもらったりしました。（左上）バーチャンからから11歳の次女への毛づくろい。（右上）15歳の妹からバーチャンへの毛づくろい。（左下）7歳になった末娘の四女からバーチャンへの毛づくろい。子ザルは末娘の2歳の子（バーチャンの孫娘）。（右下）バーチャンから長女（20歳）への毛づくろい。この後に、バーチャンは9歳の三女にも毛づくろいしましたが、写真は撮れませんでした。

7歳で末娘の四女の4頭すべての娘たちと毛づくろいをしたのです。さらに、バーチャンはこの1年以上、疎遠だった15歳の末の妹からも毛づくろいを受けたのです。しかも、バーチャンが群れに合流してから2時間ほどの間の出来事でした。

　メスはいつも群れと一緒に動いています。でも、群れの中で親しく付き合うのは数頭の限られたメスたちです。そんなメスはたいてい娘や姉妹などの近縁のメスたちです。大きなケガをしたために群れから9日間も群れていたバーチャンは、再会したその日に、4頭の娘たちすべてと毛づくろいをし、疎遠だった妹からも毛づくろいを受けました。久しぶりに再会できたその日は、バーチャンも娘たちも、そして、バーチャンの妹にとっても特別の日になったのでしょう。1年以上関わりのなかったバーチャンと長女、そしてバーチャンと末の妹も、久しぶりの再会の日だったからこそ、直接の触れ合いをしたくなったのかもしれません。サルの気持ちをここまで推測するのは、科学的ではありませんが、再会の日の出来事の一部始終を見ていた私は、強くそんなふうに思ってしまいました。親しく関わることがなかったサル同士でも、やはり、それ以前の親しかった関係を覚えているということは、この日の出来事から確認できたと言ってもいいでしょう。

　バーチャンは再会の日から1カ月ほどして亡くなりました。背中の傷がさらに化膿して、そこには多くのハエがたかり始め、ウジがわきました。傷口にウジがわいたバーチャンの動きは鈍くなり、そのバーチャンには誰も近づかなくなりま

121 背中の傷にウジがわき始め、動きも鈍くなってしまったバーチャン（左）：3、4メートル離れたところから非血縁のメス（9歳）が岩の上に座ったバーチャンを見ています。このメスはバーチャンと毛づくろいをやり取りする親しい関係だったのですが、背中を見た後、小走りで去りました。このメスだけでなく、バーチャンの娘たちや妹たちも、背中の傷口にウジがわいたバーチャンには近づかず、極度に避けるようになりました。

122 バーチャンの死後、関わりが深まった次女（左、11歳）、三女（9歳、右）、四女（7歳、中央）：バーチャンの死後、年齢が大きく離れた20歳の長女と他の3頭の妹たちとの関係はそれ以前と大きく異なることはありませんでしたが、年齢の近い次女、三女、四女の3頭は毛づくろいをしたり、一緒に過ごしたりする時間が増えました。

した。再会の日にあれほど長く毛づくろいしていた末娘も、数メートル離れてバーチャンの背中を見つめるや否や走り去っていました。他のサルも同じことです。バーチャンが特別なわけではありません。これまでに傷口にウジがわき、弱ったサルを何頭か見てきました。群れの誰もが避けます。母ザルは死んだ子ザルを持ち運びますが、群れの他のサルは、死んだ子ザルを持つ母ザルを避けます。それと同じように、ウジがわき、死期が迫っているサルは、それまでの親しさの有無に関係なく、他のサルから避けられる存在なのです。これも、28歳というニホンザルではとても長生きだったバーチャンの一生の終焉の間際を目撃できてわかったことでした。

バーチャンの死で、4姉妹の結びつきも少し変わったようです。長女は、それまでと変わらず自分の娘が最も頻繁な毛づくろい相手でした。一方、二女と四女は母ザルであるバーチャンが最も大事な毛づくろい相手でした。そのバーチャンがいなくなると、4歳違いの二女と四女はそれぞれが最もよく行う毛づくろい相手になりました。そして、三女もこの2頭の姉妹と毛づくろいをすることが少し増えたようです。結局、老母の死が、歳の近い3頭の姉妹の結びつきを強めたようです。

オトナのオスの暮らし

群れから出るオス、残るオス

　神庭の滝の群れのサルたちが餌場のあちこちで、毛づくろいや昼寝をしています。オトナのメスも子どもたちもたくさんいます。でも、10歳を過ぎて、体がメスよりも一回りから二回り大きいオスを、たくさんのサルの中から見つけ出すのはそれほど簡単ではありません。そんな体格的にも目立っているオスは群れの中に数頭しかいないからです。

　ニホンザルのオスは、3、4歳から6、7歳の頃に、つまり、オトナに近づく頃から、オトナになってそれほど経たない間に、生まれ育った群れを出ていきます。しかも、群れの中で暮らしている間か

123 冬の朝、日向に集まって休むサルたち：ここには12頭のオトナのメスが集まっていますが、オトナのオスはわずか1頭です。写真の右下で、横になって毛づくろいを受けているのがそのオスです。神庭の滝の群れで一番強いオスで、ニックネームがプチオ（通称ペット83'93）で、当時11歳でした。毛づくろいをしているのはメスの中で一番強い第1位メスの通称ペット92で、当時12歳でした。群れの中で、たくさんのオトナのメスたちと一緒に過ごしているオトナのオスは数頭だけです。このオスたちは中心部のオスと呼ばれています。

ら、たくさんのメスたちが集まっている群れの中心からは少し離れたところで、若いオスたちだけで過ごす傾向があります。だから、このようなオスたちのことを私たちは周辺部のオスと呼んでいます。一方、群れの中心でメスたちと一緒にいる少数のオトナのオスは中心部のオスと呼ばれています。

　周辺部のオスたちがいつ、どうして群れから出ていくのかはわかりません。ひとりで群れを出ていく場合もあれば、兄弟や歳が近く普段から一緒にいることが多いオス同士が連れ立って出ていくこともあるようです。中心部のオスも、ある日、突然いなくなることがあります。群れを出て行ったのだろうと推測するしかありません。群れを出たオスたちはひとりで過ごしたり、あるいは何

頭かのオスのグループで過ごしたりしてから、別の群れに入るオスもいます。新しい群れに入ったオスも、何年か経ったらまたその群れを出ていくことがあります。

神庭の滝の群れの近くで、ときどき見知らぬオスの姿を目にすることがあります。夏の終わりから冬にかけての交尾期に、見知らぬオスの出現が多くなります。こんなオスはたいていひとりで行動しており、群れのサルと違って、人が近づくとすぐ山の中に入るので、なかなか近くで見ることはできません。私たちはこんなオスを「ハナレ（離れ）オス」と呼んでいます。

餌付けされていない群れでは、全てのオスが生まれ育った群れを出ていくと言われています。でも、餌付けされた群れでは、オトナになっても群れを出て行かないオスがいます。そして、群れの外から入ってくるオスも少ないようです。神庭の滝の群れでは、1958年の餌付けと同時に個体識別を始めて、それから60年にわたり観察が続いていますが、外から群れに入ってきたオスは1頭もいません。そして、群れの中心部のオスはすべて、群れで生まれ、オトナになっても群れから出て行かずに残っているオスで、そのほとんどは、順位の高い血縁系に生まれたオスたちです。

124　ハナレオス：ある年の12月、交尾期の後半になって、見知らぬオスが神庭の滝の群れに近づいて来ました。神庭の滝の群れで育ったサルと違って、人に慣れていないために、人が近づくと、すぐに離れていきます。「ハナレオス」がどこから来たのか、その年齢も全くわかりません。このハナレオスは交尾期が終わる頃までには、群れから離れて行きました。どういうわけか、群れのオスよりも、ハナレオスの方が精悍に見えることが多いようです。

125　中心部のオス2頭の遊び：7歳の叔父（手前）と6歳の甥が咬み合いながらレスリング遊びをしています。神庭の滝の群れでは、6、7歳頃には、ほとんどのオスが群れを出ていくのですが、第1位血縁系に生まれたこの2頭は中心部のオスとして残りました。3カ月後に、それぞれ第1位オス、第2位オスとなりました。

オスの順位と行動

　メスの間に明確な優劣順位があるように、オトナのオスの間にも優劣順位があります。群れのオスの間でつかみ合いや咬み合いの激しい争いが起こることはほとんどありません。1頭のオスが別のオスに近づいたとき、近づかれたオスがその場を立ち去ることがあります。近づいたオスが優位で、その場を離れたオスが劣位です。場所を退かせる行動で、サプラントとも言われています。2頭のオスの出会いの際に、一方が歯や歯茎を見せる表情をすれば、このオスが劣位で、もう一方のオスが優位です。劣位のオスが、横を見たり、うつむいたりするだけのこともあります。このようなやり取りはメス同士の場合と同じです。

　オスの間には、メスの間では見られないやり方で、優劣を示すことがあります。それは尾の上げ下げです。地球上に生息しているサルは300種を超えますが、そのほとんどは長い尾を持っています。ところが、ニホンザルの尾は10センチほどのとても短いものです。でも、その短い尾を上げることが優位を、上げていた尾を下げることが劣位を示します。例えば、尾を上げて歩いていたオスが、座っている別のオスのそばを通るときだけ尾

126 場所を退かせる行動：9歳で第2位のオス（左側のサル）が近づいたので、12歳で第3位のオス（右側のサル）が尾を下げたまま、場所を移動しました。優位なサルが劣位のサルを退かす行動です。サプラントとも呼ばれる行動です。

を下げました。このことから、歩いて通り過ぎたオスが、座っているオスよりも劣位であることがわかります。

このように、出会った2頭のオスの尾の上げ下げやわずかな表情から、オスたちの優劣がわかります。そして、1番目に強いオス（第1位オス）、2番目に強いオス（第2位オス）のように、オトナのオスを順位付けることができます。私たちがオスたちの順位を知っているように、オスたちもお互いの優劣の関係を知っているので、オス同士が大きな争いをするのはとても珍しいことです。

それでは、オス同士の順位がどのようにして決まるのかと問われてもはっきりと答えることはできません。年齢や体の大きさ、さらには、順位の高い母や兄弟の存在など、いろいろなことが関わり合って、オス同士の順位が決まるようです。また、オスはオトナになる5、6歳頃には自分の母ザルや近縁のメスよりも優位になっています。でも、どのメスよりも優位な第1位オスや第2位オスなどの高位のオスを除けば、ほとんどのオスは、順位の高いメスたち、特に、第1位メスやその近縁のメスたちよりも劣位のようです。

中心部のオスたちの順位関係はとても安定しています。上位のオスが群れからいなくなると、そのオスよりも下位のオスたちの順位が1つずつ上

127 優位を示すオスの「尾を上げる」行動：（左上）9歳の兄が尾を上げて、毛づくろいをしている母（23歳）と弟（8歳）に近づいています。母と弟は口を開けて歯を見せる「劣位の表情」を示しています。（右上）13歳の第2位オスが、5歳のオスの前を通過してから、尾を上げて真っ赤な睾丸とお尻を見せて、立ち止まりました。5歳のオスは左手で、あごを掻き始めました。ニホンザルは少し緊張したときに、体を掻く行動をします。（左下）2頭のオスが並んで歩いています。尾を上げているのが9歳で第2位オス、尾を下げているのが7歳の第3位オスです。（右下）7歳の第2位オス（左奥）が尾を上げて接近し、5歳で第3位のオス（手前）が尾を下げて、退きます。

128 第4位オス（16歳）から第5位オス（7歳）への馬乗り（マウンティング）。

129 第2位オス（8歳）の木ゆすり：木を揺するだけのときと、ゴッゴッと吠えながら揺するときがあります。木ゆすりは、群れの高位なオスあるいは、群れに近づいたハナレオスがする行動です。

がります。つまり、上位に空席ができたときに、下位のオスが順にそれを埋めるだけです。第1位オスでも同じことで、第1位オスがいなくなると、それまでの第2位オスが新しい第1位オスになります。第1位オスと第2位オスの間での順位逆転というのは、とても珍しいことです。

尾の上げ下げ以外にも、もっぱらオスがする行動、あるいはオス同士でする行動や出来事があります。交尾では、四足立ちになったメスに、オスが馬乗りになります。マウンティングとも呼ばれるこの交尾の姿勢と全く同じことをオス同士でも行います。馬乗りになる方が優位で、乗られる方が劣位である場合がほとんどですが、稀に、劣位のオスが優位なオスに馬乗りになることもあります。

ニホンザルのオスは「木ゆすり」をします。木の上の方にまで登って、幹を4本の手足でしっかりと握って、肘とひざを屈伸させて、木を大きく揺らすのです。そのときに、ゴッゴッと吠え声を出すときもあります。秋の交尾期になると、群れの外から近づいてきたハナレオスが、群れが滞在する餌場の周囲で木ゆすりをします。山の斜面の木が大きく揺れて、そこから吠え声が聞こえるとかなり目立ちます。ハナレオスがその存在を誇示する行動と解釈されています。一方、群れのオスは餌場の中や、餌場のすぐ側の木に登って木ゆすりをします。だから、群れのサルたちのすぐ近くで、木ゆすりをすることになります。そして、このタイプの木ゆすりをするのはたいてい中心部の中でも上位のオスたちで、下位のオスたちが餌場の近くで木ゆすりをするのはほとんど見られません。

130 第1位オス（7歳）の「あくび」：オスがあくびをすると、大きな犬歯が目立ちます。順位の高いオスの誇示行動と考えられています。子ザルやメスでは、このような「あくび」をしません。

　木ゆすりはもっぱらオスの行動ですが、神庭の滝の群れでは、優劣順位の第1位のメスもときどきします。ただ、メスが木ゆすりをする際にゴッゴッと吠えながらするのを目撃したことはありません。

　「あくび」もオスのする行動です。口を大きく開けるので、メスよりずっと大きな上下4本の犬歯がとてもよく見えます。このタイプのあくびも下位のオスよりも上位のオスがよくすると思います。座った姿勢で、ゆっくりと、しかも大きく口を開けているので、とても目立つ行動です。オスが力を誇示する行動だと思います。

　この他にも、高位のオスだけがする行動があります。枯れ木が倒れたり、太い枝が落ちてきたりして、ドスーンとか、ガシャとかの大きな音が餌

131 第1位オス（7歳）の大きく引き裂けた上唇とその1カ月後：（上）交尾期が始まった10月初旬、第1位オスが大きな傷を負って、群れと一緒に餌場にやってきました。血が傷口からまだにじみ出ていました。餌場にいた3時間ほどは、ほとんど横になっていました。ハナレオスとのケンカで負った傷かもしれません。（下）これほど大きな傷でも1週間で傷が閉じ、1カ月後には完治していました。

場に響くことがあります。音と同時に、オトナのメスや子ザルたちは声を出さないで、一斉に、音とは反対方向に走ります。逃避です。ところが、ゴッゴッと吠えるオスがいます。吠えるのは、音源の近くにいたオスの中で最も上位のオスです。上位3頭のオスがその場に居合わせれば、第1位オスだけが、その場に第1位オスがいなければ、第2位オスが吠えます。このことから、どのオスも近くに誰がいるのかをしっかりと把握しながら、休息したり、採食したりしていることがわかります。

　上位のオスが大きな傷を負って、餌場に現れることもあります。これまでに、唇が切り裂かれて、その下の歯まで見えるほどの大きな裂傷を負った第1位オスや第2位オスを何度か見たことがあります。こんな傷は、他のオスに犬歯で切り裂かれないとできないでしょう。群れのオスがこんな大きな傷を負うのは交尾期に多いと思います。多分、群れのオスとではなく、群れに近づいてきたハナレオスとのケンカで負った傷だと私は推測しています。交尾期にはオスがメスを吠えたてながら追いかけたり、つかみかかったりすることがよくあり、咬んで、メスにケガを負わせることもあります。でも、これほどの大きな傷を顔に受けたメスを見たことがありません。だからある程度の手加減をして、オスはメスを咬んでいるのだと思います。でも、オス同士の、しかも、第1位オスとハナレオスのケンカでは、これほどの大きな傷になってしまうこともあるのでしょう。ただ、これほどのケガでも、1週間ほどで傷はくっつき、治っていました。これも驚くべきことです。

オスの毛づくろい相手と交尾の相手

毛づくろいは群れの中で暮らすメスのサルたちが互いに親しい関係を作ったり、続けたりするのにとても大切な行動です。もちろん、オスにとっても同じことです。オスとメスの間での毛づくろいは、オスがメスにするよりも、メスがオスにすることの方がかなり多くなります。

群れの中にはたくさんのメスが暮らしていますが、中心部のオスの毛づくろい相手となるメスはそれほど多くはありません。どのオスにも好みの毛づくろい相手のメスがおり、その数は数頭から10頭ほどです。上位のオスに毛づくろいできるメスは限られています。その多くは順位の高い一部のメスたちです。

先ほども述べたように、神庭の滝の群れでは、餌付け開始後に中心部のオスとなったサルはすべて群れ育ちです。餌付けから40年間ほどは、上位の血縁系だけでなく、中位、下位の血縁系に生まれたオスの中からも中心部に残るオスがいました。そして、中心部のオスの中で順位の高いオスの毛づくろい相手は、上位の血縁系のメスだけでなく、中位の血縁系のメスも含まれていました。ところが、餌付け開始から40年程経ってからは、中心部のオスとして残るオスは第1位血縁

132 早春の暖かい午後、中順位のメス（22歳）から毛づくろいを受ける第1位オスのペット90（14歳）：このオスが第2位オスのとき、第1位メスである母ザルのペットから最も多く毛づくろいを受けていました。ところが、第1位オスとなった直後に、母ザルが死亡すると、中順位の2頭のメスと毛づくろいを頻繁にやり取りするようになりました。第1位オスになって1年1カ月で、このオスは突然姿を消しました。

133 第2位オスのプチオ（11歳）から母ザル（ペット83、21歳）へ毛づくろい：このオスは5カ月後に第1位オスとなりましたが、その1年1カ月後に突然、群れから姿が消えました。第2位オスのときも、第1位オスになってからも、このオスと母ザルとの間で、頻繁な毛づくろいのやりとりをが続きました。

134 珍しい第2位オス（11歳）から第1位オス（14歳）への毛づくろい。神庭の滝の群れでは、高位のオス同士での毛づくろいは珍しいことです。

135 オス（12歳）とメス（9歳）の非血縁の交尾ペア：神庭の滝の群れでは、10月から2月中旬頃までが交尾期です。顔を真っ赤にしたオスとメスが一緒にくっついて座り、ときどき交尾をします。このような交尾ペアがあちこちで見られます。でも、息子と母や兄弟と姉妹のような母系の血縁のつながりがとても近いオスとメスの間の交尾はありません。

系に生まれた一部のオスに限られるようになりました。そして、中心部のオスたちの毛づくろい相手もほとんどが第1位血縁系のメスたちになりました。つまり、順位の高いオスたちの毛づくろい相手のほとんどが、母や姉妹、さらに、おばや姪などの血縁の近いメスが普通のことになりました。

　中心部のオス同士の毛づくろいは、オスとメスの間の毛づくろいに比べると、とても少ないのですが、ときどきあります。毛づくろいをするのは、もっぱら2頭のうちの順位の低い方です。

　秋は恋の季節です。群れの中のあちこちで、交尾が見られます。でも、毛づくろいとは異なり、中心部に残っているオスが母ザルと交尾をすることはありません。神庭の滝の群れの60年間の観察の中で、母ザルと息子の間での交尾はまだ一度も目撃されていません。そして兄弟と姉妹の間での交尾もわずか2ペアだけです。だから、母系の血縁のつながりが大変近い間柄では、同じ群れの中で暮らしていても、交尾は起こらないのです。交尾は、たいてい互いに非血縁のオスとメスの間か、母系の血縁関係のある場合でも、いとこの関係か、それよりも血縁が薄い間で行われています。

　オスは3カ月ほどの交尾期に、2頭以上のメスと交尾します。メスはおおよそ28日周期で排卵をし、排卵時期に発情のピークが来るようです。メスも、発情しているときに、複数のオスと交尾します。乱婚です。だから、ニホンザルでは子どもの父が誰なのかはわかりません。

子ザルの世話をするオトナのオス

　中心部のオスの中には、子ザルを抱いたり、毛づくろいしたり、お腹や背中にしがみつかせて運んだりするオスがいます。いつも、同じ子ザルです。父が子の世話をしているように見えるので、「父らしい」を意味する英語を用いて「パターナル行動」と言われています。でも、実際に血縁関係のある父と子なのかは、わかりません。

　年長のメスの子ザルの中には、赤ん坊が生後1、2カ月のときから、赤ん坊を触ったり、抱いたりします。でも、オトナのオスが抱いたり、運んだりする子ザルのほとんどは、生後半年以上経っている子ザルです。多くは1歳前後の子ザルです。オトナのオスと子ザルの特別な関係が続く期間はペ

136　オトナオスが子ザルの世話をするパターナル（父親）行動：12歳の第2位オスが1歳になったメスの子ザルを背中に乗せて運んだり（上）、胸に抱いたり（下）しています。子ザルがまだ生後8カ月頃から、このオスが子ザルを抱いたり、運んだりするのがよく見られるようになりました。子ザルがオスから離れて行こうとすると、オスが足をつかんで、離れないようにする制限行動をすることもありました。このオスと子ザルの親しい関係が始まると、このオスと子ザルの母ザルとの間でも毛づくろいが見られるようになりました。6カ月ほど続いたこのオスと子ザルの特別な関係は、オスが突然に群れから出て行き、終わりました。実は、このオスは、前年の冬にも、生後10カ月ほどのメスの子ザルを背中に乗せて運んでいました。だから、このオスは2年連続、1歳前後のメスの子ザルに対してパターナル行動をしていたことになります。

アによって異なります。2、3カ月くらいで終わるペアもあれば、1年以上も続いたペアもあります。

中心部の全てのオスが、パターナル行動をするのではありません。むしろ、子ザルと親しく関わる中心部のオスは少数派です。でも、パターナル行動をするオスは、1頭の子ザルとの親しい関係が終わった後、別の子ザルに対して再びパターナル行動を始めることもあります。どうやら、子ザルを世話するのが好きなオトナのオスもいるようです。

神庭の滝の群れでは、パターナル行動の対象になる子ザルはほとんどがメスです。なぜ、オトナのオスがメスの子ザルをパターナル行動の相手として選びやすいのか、その理由は明らかにはなっていません。

神庭の滝の群れで、1頭のオスが、母と娘の両方に、つまり、2代にわたってパターナル行動をしました。この珍しい事例を紹介しましょう。

寒さがまだ厳しい1993年2月中頃から、当時第4位のオスで、17歳のケリイオが、生後9カ月のメスの子ザルを抱いたり、運んだりするようになりました。その数日前に、子ザルの母が群れからいなくなっていたのです。つまり、オトナオスのケリイオは孤児になった子ザルの世話を始めたのです。その年は暖冬ではなかったので、パターナル行動を受けることができなかったら、この子ザルは春を迎えることができなかったかもしれません。だから、オトナのオスが行うパターナル行動は、子ザルの生存に役立つ場合もあることがわかりました。この子ザルが2歳になっても、ケリ

137 第4位オスのケリイオ（17歳）から7カ月のメスの子ザルへのパターナル行動：1993年の2月に、この子ザルは生後9カ月で、母ザルが死亡し、孤児になりました。その直後からケリイオがこのメスの子ザルを抱いたり、運んだりして、世話を始めました。1歳前の子ザルが母ザルの胸にしがみついて運んでもらうことはないのですが、ケリイオのようにオスに運んでもらう場合には、大きくなった子ザルでもお腹にしがみつくことがあります。

イオはときどき抱いて、毛づくろいをしていました。子ザルが3、4歳の年長になると、ケリイオが抱くことはなくなりましたが、子ザルがケリイオの傍にいたり、毛づくろいしたりすることは続きました。しかも、この子ザルの2頭の姉も、ケリイオの傍で過ごしたり、毛づくろいしたりするようになりました。子ザルのときに母ザルを亡くすと、妹は姉よりも優位になれません。でも、ケリイオと親しい関係が続いたこのメスの子ザルは、オトナになるまでに2頭の姉よりも優位になっていました。

このメスの子ザルはオトナになり、6歳でオスの子を、9歳でメスの子を出産しました。オスの子ザルが生まれたとき、第1位オスになっていたケリイオ（23歳）はこのオスの子ザルに対してパターナル行動を全くしませんでした。ところが、3年後に、メスの子ザルが生まれたときです。その子ザルが生後7カ月のある日から、26歳になっていたケリイオが急に、抱く、しがみつかせて運ぶ、毛づくろいをするなどのパターナル行動を始めました。冬の寒さが最も厳しい1月下旬でした。9年前にその子ザルの母ザルに対して行っていたパターナル行動と同じことを、ケリイオは始めたのです。26歳という高齢で、腰も曲がり、動きも鈍くなっていたケリイオは、1歳前のこの

138 ケリイオとメスの子ザルへのパターナル行動：ケリイオは1993年の2月、17歳のときに、生後9カ月のメスの子ザルにパターナル行動を始めました。（左）それから9年後の2002年1月、その子ザルがオトナになり出産した娘が生後7カ月のときに、26歳の老いたケリイオが抱くなどのパターナル行動をその子ザルに対して始めました。（右上）2002年4月、ケリイオが小麦を拾っているときに、そのメスの子ザルはケリイオの足にくっついています。（右下）2002年7月、ケリイオと1歳を過ぎた子ザルが一緒に昼寝をしています。

子ザルから毛づくろいを受けることもありました。

ケリイオがこの子ザルに向けてパターナル行動を開始してから1年半後に、彼は28歳で死亡しました。老衰でした。子ザルは2歳になっていました。この子ザルが2歳になってからは、ケリイオが運ぶことはなくなりましたが、毛づくろいのやりとりは続いていました。

夏の朝、ケリイオは餌場で亡くなっていました。2003年8月9日のことでした。前日の夕方、群れは餌場から山に戻ったのですが、ケリイオは山に戻れず、餌場に残り、夜の間に息絶えたようです。その夜は強い雨が降っていました。朝になって餌場を見に行った私は、ケリイオが川辺近くの餌場に横たわっているのを見つけました。それから間もなく、群れが山の斜面を下りてきました。いつもなら、山を下りてきたサルたちはすぐに川を渡って、餌場に入るのですが、その日に限って、餌場の対岸で留まりました。ケリイオからは2、30メートルの距離です。そこからは餌場に横たわったケリイオの遺体が見えました。サルたちは遺体を避けていたのです。ケリイオに頻繁に毛づくろいをしていた第1位メスとケリイオの妹とその娘が、ケリイオの遺体を大きく迂回するようにして、川を渡り餌場に入りましたが、やはりケリイオには近づきませんでした。20メートルほど離れたところで、止まって見ていました。

139 ケリイオの死：2003年8月9日の朝、28歳のケリイオは餌場で死亡していました。ケリイオの遺体をほとんどのサルが避けていました。ケリイオと毛づくろいがあり、親しいメスたちであっても、ケリイオの遺体の20メートルほどで止まって、それ以上は近づきませんでした。遠くに座っている3頭のオトナメスは、第1位メスのペット（右端）、ケリイオの末妹（中央）とその娘です。

でも、ケリイオに近づいてきたサルが1頭いました。それはケリイオと親しい関係にあったあの2歳のメスの子ザルでした。ケリイオに触れることはありませんでしたが、すぐそばまで来て、横たわるケリイオをときどき見ながら、草を分けて、前日にまかれた小麦の拾い残しを探していました。ケリイオを避ける様子はありませんでした。群れのサルたちが遺体となったケリイオを避ける中で、この子ザルがケリイオの傍で小麦を拾って食べる姿は今も私の記憶に鮮明に残っています。

140 ケリイオの遺体のそばに近づく子ザル：ケリイオのパターナル行動の相手であった2歳の子ザルだけが、ケリイオの遺体のそばに来て、前日にまかれた小麦の残り餌を探して食べていました。

ボス、それとも第1位オス？

神庭の滝自然公園に来場された方から、「ボスはどれですか?」と尋ねられることがあります。確かに、たくさんのメスたちの間を、体格のよいオスが尾を立てて歩いていると目立ちます。以前は、そんなオスたちの中で一番強いサルをボスとかリーダーと呼んでいました。しかし、順位の一番強い、あるいは最上位のオスがメスを追いかけて、つかみかかり咬んだりすることはあっても、サル同士のけんかの仲裁をしたりしているわけではないのです。また、山の中で群れが進む方向を決めているわけでもなさそうです。群れの進む方向は誰かひとりが決めているというよりも、同じ方向に多くのサルが進み始めたら、それが群れの進む方向になってしまうのだろうと思います。

これまで「ボス」と呼ばれてきたオスが、普段の暮らしの中でするのは、どのオスからも、そして、どのメスからも劣位の行動を引き出すことが

141 第1位オスからオトナメスへの攻撃：8歳という若さで第1位オスになってまだ8カ月のこのオスは、吠えながらメスを追いかけ、つかんだり、咬んだりすることがときどきありました。でも、メス同士のケンカの仲裁をするような場面を見ることはありませんでした。

142. 群れの真ん中を歩きながら、餌場に入場する第1位オスのケリイオ（24歳、写真の中央）：かつては、一番強いオスを「ボスザル」と呼ぶこともありましたが、群れ内で起こったケンカの仲裁をしたり、山の中で群れが進む方向を決めたりするなどのボスらしいことをほとんどしていないので、今では「ボスザル」とは呼ばず、「第1位オス」と呼んでいます。

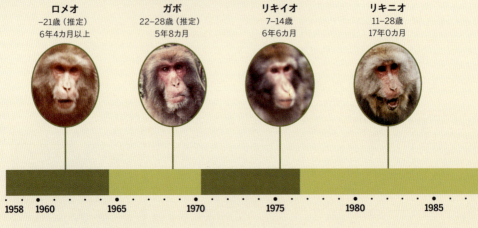

143. 1958年から2018年までの60年間の神庭の滝の群れの第1位オスの変遷：第1位オスの写真の上には、その名前、第1位オスであったときの年齢とその期間の長さが示してあります。ロメオ、ガボ、リキイオの写真は糸魚川直祐氏撮影。2003年以降に第1位オスとなった6頭のサルたちは、18年間も第1位メスであったペット（正式名ベラ53'71、1971年誕生、2003年死亡）の息子と孫息子たちです。
（本書の執筆が終了した直後の2018年7月に、6年間にわたり第1位オスであったペット92'05が突然群れから姿を消し、第2位オスだったペット88'96'03が新しい第1位オスになりました。）

フェリイオ 23–24歳 1年4カ月	**フェニオ** 24–26歳 2年3カ月	**ケリイオ** 22–28歳 6年6カ月	**ペット90** 13–14歳 1年1カ月	**ペット83'93** 11–12歳 1年10カ月

1990　　1995　　2000　　2005　　2010　　2015

ペット83'97　**ペット88'00**　**ペット88'03**　**ペット92'05**
8–9歳　　　　6–11歳　　　　8–9歳　　　　7–13歳
10カ月　　　4年11カ月　　　12カ月　　　　6年0カ月

できるということです。だから、20年以上も前から「ボス」の呼称をやめて、「第1位オス」あるいは、同じ意味のギリシャ語の「アルファ・オス」を使うようになっています。2番目に強いオスは「第2位オス」あるいは「ベータ・オス」と呼んでいます。

　でも、神庭の滝の群れを何年も見ていると、ときどき、第1位オスが特別のサルであることがわかります。神庭の滝の群れが餌場から山に戻るとき、東側か西側のどちらかの斜面を登って行きます。夕方の餌まきの後、まだ他のサルが食べているときでも、斜面を登って行くサルたちがいます。そんな先頭のサルたちの後を追うように、他のサルたちも食べるのを終えて、同じ斜面を登って行きます。群れの半分ほどのサルが斜面を登り始めたときに、第1位オスは同じ斜面を登り始めます。だから、その日の山に戻る方向を第1位オスが決めていないことがわかります。ところが、本当に稀なことですが、群れの半分ほどが、例えば、西側の山へ戻っているのにもかかわらず、第1位オスが東側の山に登って行くことがあります。そんなとき、西側の山に登っていたサルたちが一斉に戻ってきて、そして、第1位オスが先に登って行った東側の山に上がって行くのです。こんな場面を目撃すると、第1位オスが特別な存在であると強く感じます。

第1位オスの変遷

　1958年に神庭の滝の群れに餌付けが始まった

とき、当時の第1位オスはロメオと名付けられました。年齢は14歳と推定されました。それから6年4カ月後に、群れが農作物を荒らしているときに、ロメオは駆除されたという記録が残っています。ロメオの後には、それまでの第2位オスであったガボが第1位オスになりました。ガボはロメオよりも年長に見えたので、第1位オスになったときは22歳と推定されました。6年後、ガボは推定28歳になる頃に老化のために下半身が悪くなり、7歳の若いオス、リキイオに順位を逆転されました。順位を逆転されてからも、ガボは群れに残っていましたが、数カ月後には姿が見なくなりました。死亡したと思われます。

　リキイオから後の第1位オスはすべて、神庭の滝の群れで生まれ育ったオスたちです。オトナになっても群れから離れず、中心部のオスとして、群れで暮らしていたオスたちです。餌付け開始から60年経過した2018年5月の時点で、神庭の滝の第1位オスは、ロメオから数えて13代目になります。この間、初代のロメオと現在（2018年5月）の第1位オスである13代目のペット92'05を除く11頭の第1位オスの平均の在籍期間は4年5カ月ですが、最短で10カ月、最長で17年間とかなりのばらつきがあります。第1位オスになった年齢も最年少で6歳、最年長で24歳でした。

　第1位オスの交替は全部で12回ありましたが、

144 樹上でひとり休息する第1位オス（11歳）：第1位オスがいつも多くのメスに囲まれて暮らしているわけではありません。第1位オスの個性は多様です。ときどき、木に登って、ひとりで長い時間を過ごす第1位オスもいました。

その内の6回が、第1位オスの突然の失踪でした。この6回の全てで、突然群れからいなくなった第1位オスは9歳から14歳の精悍な時期のオスでした。もちろん、失踪の理由は全くわかりません。残りの6回の交替の内の5回までは、第1位オスが高齢であることと関係していました。第1位オスの老衰による死亡が3回、老衰で弱っている第1位オスが第2位オスに順位逆転されたのが2回でした。残りの1回は初代の第1位オスが野荒し中に駆除されたことで、それまでの第2位オスが第1位オスになりました。

　60年の間に第1位オスとなったオスたちはそれぞれが個性を持った存在なのですが、最初の45年間と後の15年間で、第1位オスに大きな違いを見つけられます。それは、最初の45年間では、リキイオという第3代目の第1位オスを除くと、すべて20歳代で死亡するまで、あるいは、高齢で体力が著しく衰えるまで第1位オスであったことです。14歳で失踪したリキイオも実年齢よりは随分老けて見えたようです。一方、21世紀に入ってからの5頭の第1位オスは10歳前後で第1位オスとなり、その4頭までが1年前後で急に姿を消しました。しかも、第13代目の第1位オスを含めて、2003年以降の第1位オスは、全て第1血縁系に生まれたオスで、18年にわたり第1位メスであったペット（第1位メスの期間は1985年から2003年までの18年間。2003年8月、32歳で姿が見えなくなりました）の息子と孫息子でした。

　餌付けをすると、上位の血縁系で生まれたオスたちの一部が群れから出て行かなくなり、中心部

のオスとして残ることが多いと言われています。神庭の滝の群れでも、同じような傾向が表れています。でも、第1位血縁系のオスたちが第1位オスになっても、その期間がそれほど長くなく、しかも、急に群れからいなくなる理由は全くわかっていません。

　第1位オスになる前後のオスの毛づくろいに注目すると、興味深いことがわかりました。第1位オスになる前後の毛づくろいを調べることができたのは6頭のオスだったのですが、どのオスも第1位オスになるとオトナのメスから毛づくろいを受けることが急に増えました。でも、その期間はそれほど長くなく、数カ月もすると、落ち着きました。新しい第1位オスに毛づくろいをするオトナのメスの中には、メスの中で順位が最も高い第1位メスも含まれています。第1位オスになる前には、第1位メスから毛づくろいを受けていなかったのに、第1位オスになると急に第1位メスから毛づくろいを受けるようになったオスもいます。やはり、群れのメスたちは、特にメスの中で最高位である第1位メスは、群れの第1位オスを他のオスとは異なる特別な存在として見ているのでしょう。

145　2006年7月に、6歳の若さで第1位オスになってから1カ月経過したペット88′00に毛づくろいする第1位メスのペット92（14歳、第1位オスの叔母）：彼が第1位オスになる前には、第1位メスから毛づくろいを受けることは全くなかったのですが、彼が第1位オスになって2週間が過ぎると、急に、第1位メスから毛づくろいを始めました。さらに、驚くべきことですが、彼が第1位オスになっても、彼はこの第1位メスや彼の母ザルよりも劣位でした。彼は彼女らが近づいてくると場所を移動したり、座っている彼女らを迂回したりすることが頻繁にありました。このような行動は、劣位個体の行動です。でも、第1位オスになって3カ月ほどで、秋の交尾期になり、このオスが一回りも二回りも大きく、そして力強く見えるようになった頃、母ザルよりも、第1位メスよりも優位になり、本来の「群れで最も優位なサル」である第1位オスとなりました。

146 リキニオ、24歳：第1位オスになって13年過ぎたこのとき、すでに上下4本の犬歯のうちの3本と他にも多くの歯が失くなっていました。

147 リキニオ、26歳：背中が曲がり、腰が下がっているのがよくわかります。でも、毛並みはまだよい状態です。

17年間も第1位オスであったリキニオ

　1976年8月、それまでの第1位オスが突然姿を消したあと、第2位オスであった11歳のリキニオが第1位オスになりました。それから17年間、リキニオは28歳の1993年8月に、第2位オスに順位を逆転されるまで、第1位オスであり続けました。順位逆転されて4日後に、リキニオは死亡しました。

　20代中頃には、歯が抜ける、腰が曲がる、毛並みが悪くなる、動きがゆっくりになるなど、リキニオは老齢のために少しずつ体が弱ってきました。それでも、リキニオは第1位オスであり続けることができました。老いが目立ってきたリキニオが、体力的にはずっと優れた他のオスたちよりも優位を保ち、28歳まで第1位オスであり続けられた理由が、彼の死の直前になってやっとわかりました。

　リキニオが8歳で、第2位オスのとき、群れが分裂しました。1973年4月のことでした。当時の第1位オスのリキイオと第2位オスのリキニオはいとこで、共に第1位のリカという名の血縁系の出身でした。リキイオやリキニオは交尾相手であった中位、下位のメスたちと、交尾期後も親しい関係が続き、そのメスたちの優劣順位が上がりました。順位を上げてきたメスたちが、リキイオやリキニオの出身血縁系である第1位血縁系やその他の上位血縁系のメスたちと争い合うようになりました。メスたちが争う場面で、リキイオやリキニオが親しくしている中位や下位のメスを積

148 メスから毛づくろいを受けているリキニオ（25歳）と彼のお腹にもたれていると10カ月のメスの子ザル：リキニオがこの子ザルを抱いたり毛づくろいをしたりするのは見られなかったのですが、くっついて一緒にいるのはときどき見られました。

極的に助けて、自分の血縁のメスたちに攻撃をしたのではなかったようですが、最終的に、第1位血縁系から第4位血縁系までと第6位血縁系のほとんどのメスたちが群れを出て行き、新しい群れをつくりました。これが群れの分裂です。

この大きな群れの分裂、そして、その3年後にいとこで、第1位オスだったリキイオが姿を消して、群れの中に、リキニオと同じリカ系のサルはいなくなりました。

20歳頃のリキニオはまだまだ元気でした。餌場では、分裂の後、リキニオは第1位血縁系となったベラ系のメスたちだけでなく、中位、下位の血縁系のメスたちにも囲まれて、休んでいることが多く、彼が歩き始めると、多くのメスたちが彼の後ろをついて歩くのが常でした。

149 リキニオ、27歳の秋：歯が抜け、腰も曲がり、体のあちこちに老いがあらわれていましたが、交尾期になると、メスに馬乗りになり、交尾をしていました。

リキニオが20代中頃になり、体も、動きにも老いが目立ってきても、それまでと同じように、リキニオは多くのメスに囲まれていました。リキニオが毛づくろいを受けるのはその中の10頭ほどのメスですが、第1位メスのペットなどの順位が高いメスだけでなく、中位の血縁系のメスからも毛づくろいを受けていました。また、一時期、中位の血縁系のメスを母に持つメスの子ザルがリキニオに体をくっつけてくることがよくありまし

150 リキニオ、28歳：1993年6月、第1位オスになって約17年近く経過したとき、リキニオの歩き方が急におかしくなりました。右足と左足の両方で、足裏で地面をついた後に、足の甲を地面にこすって歩くようになりました。足をしっかりと上げられなくなったようです。すぐに、地面にこすれる甲の部分の毛が擦り切れて、皮膚が露出し、血がにじむようになりました。この歩き方になってから1カ月後、リキニオの姿が餌場からも群れからも消えました。しかし、2週間後、再び、群れに合流しました。でも、群れと山の中を一緒に歩くことはせず、昼間だけでなく、夜も、餌場周辺で過ごすようになりました。だから、昼間に群れが餌場に出てきたときのみ、群れと一緒に過ごしていました。このような暮らしになっても、リキニオはまだ第1位オスでした。

151 リキニオ、28歳の夏（1993年7月）：群れに戻ったリキニオが餌場でイモを食べています。背は大きく曲がり、足が細くなり、痩せているのがよくわかります。

たが、彼はそれを許していました。リキニオから子ザルへのパターナル行動と言えるほど積極的な世話行動はほとんどなかったのですが、この子ザルにはとても寛大でした。

そして、28歳になった初夏のある日、リキニオに異変が起こりました。急に彼の歩き方がおかしくなりました。足裏で地面をけり出した後に、足の甲を地面にこすってしまうのです。足をしっかりと持ち上げられなくなったようです。しかも、体が左右に揺れるような歩き方になりました。歩くたびに地面にこすられる両足の甲は、毛が擦り切れて、露出した皮膚から血がにじむようになりました。しかし、このぎこちない歩き方でも、リキニオは群れと一緒に山の中を歩き、餌場にも姿をあらわしていました。

スムーズな歩き方ができなくなって1カ月後、リキニオが姿を見せなくなりました。6月の中旬でした。山は新緑に覆われ、ヤマイチゴやクワノミなど、サルたちの大好物が実っています。だから、群れはこの時期になると、餌場に出て来ない日も多くなります。ときどき餌場に出てくる群れの中にリキニオの姿はありませんでした。リキニオも老衰で28歳の生涯を閉じたのだろうと思い始めたとき、リキニオがひとりで餌場に姿をあらわしました。姿を消してから2週間後のことでした。

リキニオの歩き方は相変わらずぎこちなかったのですが、まだ山の斜面をゆっくりと上り下りすることができました。翌日、餌場に群れが出てきて、リキニオも群れに合流しました。2週間ぶりの再会であったと思うのですが、リキニオと群れ

のサルたちの間で特別なことは何も起こりませんでした。ただ、その日の夕方、群れは山に戻って行ったのですが、リキニオは群れと一緒に山に上がりませんでした。その日から、彼はひとり餌場の近くで、夜を過ごすようになったのです。それからの1カ月と少しの間、リキニオが死を迎えるまで、さまざまなことが起こりました。

昼間、群れが餌場にいるとき、リキニオはときどき第2位オスのフェリオ（23歳）に近づきました。フェリオが横になって、メスから毛づくろいをしてもらっている最中にリキニオが歩み寄ると、フェリオは起き上がって、立ち去ります。代わって、リキニオがそのメスから毛づくろいを受けます。この場面は、リキニオが接近し、フェリオが退かされたということです。リキニオがフェリオより優位であることがわかります。リキニオがフェリオにわざわざ近づいて、退かす行動を、それまでよりも頻繁に行うようになりました。リキニオが元気な間は、第2位オスのフェリオに対して、順位確認をする必要がなかったのです。ところが、体力が衰えてしまったリキニオは自分の優位を繰り返し確かめたくなったのでしょう。リキニオの不安のあらわれと言い換えてもよいのかもしれません。

リキニオは、それまでと同じように、第1位メスのペットからほとんど毎日毛づくろいを受けていました。そして、餌場で、多くのメスに囲まれて過ごすということも、同じことでした。

リキニオが群れのサルたちと、昼間だけ、餌場で一緒に過ごすという特異な状況が1カ月続きま

152 リキニオ、28歳が第2位オスのフェリオ（23歳）に対して行った優位を確認する行動：1993年7月、群れが餌場にいるときだけ群れと一緒に過ごすようになったリキニオは、第2位オスのフェリオを退かすことをたびたび行うようになりました。

フェリオが横になって、オトナのメスから毛づくろいを受けています。隣は、第3位オスのフェニオ（23歳）。

リキニオ（右端）が歩いてフェリオの横に近づきます。

フェリオがその場を去り、リキニオはフェリオに毛づくろいしていたメス（上位メス、21歳）から毛づくろいを受け始めました。横に座っている第3位オスのフェニオは背中を掻いています。リキニオの接近によって、フェニオは緊張しているのでしょう。掻くことは、緊張したサルがよく行う行動です。

153　第1位メスのペット(22歳)からリキニオ(28歳)への毛づくろい(1993年7月)：リキニオの老いが顕著になってからも、それまでと変わらず、ペットからリキニオへの毛づくろいはほとんど毎日ありました。

した。その間、リキニオと第2位オスのフェリオ、さらに、第3位から第5位のオスたちとの順位関係があいまいになるような出来事はありませんでした。しかし、8月3日に、新しい局面が展開しました。第2位オスのフェリオが、ついに、リキニオを攻撃したのです。

　これまでと同じように、リキニオがフェリオに近づいたときに、フェリオがリキニオに跳びかかり、押さえつけたのです。リキニオとフェリオの争いは30分ほどの間に、4回もありました。リキニオが繰り返し、フェリオに近づいたからです。そのたびに、フェリオがリキニオを一方的に押さえつけました。体力の差は歴然としていました。しかも、4回目では、フェリオはリキニオを押さえつけてから、その背中を咬みました。咬まれたリキニオがギャーギャーと大きく叫び声を上げました。そのときです。2、30メートル離れたところにいたペットが一気に駆け寄って、フェリオに吠えながら向かっていったのです。そうすると、フェリオがリキニオを放し、立ち去りました。

　このわずか30分ほどの間の出来事から、リキニオとフェリオの心を推しはかることができます。衰えたリキニオは、第2位オスのフェリオよりも優位であることを確認するために、「退かせる」行動を行おうとしたのです。この1カ月の間に、目だって増えてきたフェリオに対する「退かせる」行動は、やはりリキニオの不安のあらわれであったのでしょう。しかし、フェリオの態度は、それまでとは異なりました。繰り返し「退かされてきた」フェリオがついに、反発して、リキ

ニオに攻撃を向けたのです。争いの結果は明らかです。23歳でもまだ精悍なフェリオがいとも簡単に、28歳で老衰の著しいリキニオを押さえつけ、咬んだのです。

　咬まれたリキニオは叫び声を上げました。第1位オスが他のサルに向かって吠え声を上げることはあっても、叫び声を上げることはありません。叫び声は劣位を示すからです。でも、その叫び声をリキニオは発してしまいました。ところが、その声を聞いて駆けよってきたサルがいました。第1位メスのペットでした。ペットはフェリオに立ち向かい、リキニオを助けました。

　この後も、フェリオがリキニオに近づくと、リキニオは叫び声を上げて、ペットの救援を求めました。ペットが駆けつけると、リキニオのギャーギャーという叫び声が、ゴッゴッと言う吠え声に換わりました。でも、リキニオがひとりでいるところに、フェリオが近づくと、リキニオは叫ぶことなく、歯を露出させて劣位を示す表情を出しました。つまり、ペットに助けてもらえるときだけ、リキニオはフェリオよりも優位を保つことができたのです。

　リキニオがフェリオに咬まれて4日目、咬まれたところが傷となり、そこにたくさんのウジがわき始めていました。リキニオの体調

154　第2位オスのフェリオが第1位オスのリキニオに攻撃を仕掛けたのちの2頭の順位関係：1993年8月3日、リキニオが30分の間に、4回も、フェリオに近づきましたが、その都度、フェリオがリキニオに攻撃的に対応し、4回目のときには、リキニオの背中を咬みました。リキニオがギャーと大きな声で叫ぶと、第1位メスのペットが吠えながら走り寄り、それを見たフェリオがリキニオへの攻撃をやめて去りました。第1位メスのペットがリキニオを救援したのです。この後、フェリオがリキニオに近づいたとき、ペットが近くにいると、リキニオは叫んで助けを求めました。他方、ペットも他の誰もいないときに、フェリオがリキニオに近づくと、リキニオはフェリオに歯を露出して劣位の表情を示しました。写真がその場面です（1993年8月5日）。

155 第1位メスのペットに毛づくろいするリキニオ（1993年8月7日の朝）：フェリオから攻撃を受けたリキニオをペットが救援してから、リキニオがペットへ毛づくろいするようになりました。それまでは、ペットからリキニオへの一方的な毛づくろいでしたが、ペットに助けられてからは、リキニオが彼女に毛づくろいすることが見られるようになりました。フェリオに咬まれてから4日目の朝、リキニオの咬まれた背中の傷にウジがわき、リキニオは片手で体を支えないと、ペットに毛づくろいできないほど、体力が衰えていました。

156 第1位オスの交替の瞬間（1993年8月7日昼）：フェリオ（左端）がリキニオ（中央）とペットが一緒に座っているところに接近すると、リキニオもペットも歯を露出する劣位の表情をしました。これで、これまでの第2位オスのフェリオが新しい第1位オスになり、1973年8月から17年間続いたリキニオの第1位オスの時代が終わりました。翌日、リキニオは動けない状態で発見され、収容されました。それから3日後、リキニオは28年の長い生涯を閉じました。

も悪そうです。リキニオがペットの傍にいるとき、フェリオが近づいてきました。リキニオは叫び声を発することなく、うつむいて歯を露出するだけでした。隣に座っていたペットも同じように歯を露出する表情をフェリオに向けました。

　これで、フェリオがリキニオよりも完全に優位になったことは確かです。17年間続いたリキニオの第1位オスの時代が終焉しました。その直後の1時間ほどの間に、フェリオはペットに交尾姿勢であるマウンティング（馬乗り姿勢）を3回も連続して行いました。8月はまだ交尾期ではありません。だから、フェリオから第1位メスのペットへのマウンティングは順位の確認であったと考えられます。しかも、リキニオがフェリオに劣位の表情を示した場面も、新しく第1位オスになったフェリオがペットに行ったマウンティングも、多くのメスたちが見ている中で行われた行動でした。

　リキニオは翌日に、餌場近くで、横たわって、動けなくなっていました。リキニオは収容され、3日後に、28年の生涯を閉じました。

第1位オスは群れの中で、どのオスよりも優位なサルです。でも、第1位オスの立場を、若さや体力だけの力づくで、保てるのではないことを、リキニオは教えてくれました。ペットは第1位メスとなって8年間、リキニオと親しい関係を続けてきました。中位や下位のメスたちも、リキニオを取り囲むようにして休み、そして、山の中を歩いていました。リキニオは長年にわたって第1位メスを含む多くのメスたちと心理的な結びつきを保っていたと、言い換えてもいいでしょう。だから、老いのために体力が落ち、動きも鈍くなったリキニオに対して、フェリオや他のオスが挑戦できなかったのだと、私は推測しています。

　群れの第1位オスがフェリオに代わっても、オスの順位関係は安定し、群れは平穏でした。これには、第1位メスのペットやその他の多くのメスたちの行動が影響していると思います。フェリオが第1位オスになると、ペットが彼の傍で過ごす時間が増えました。ペットからフェリオへの毛づくろいも増えました。フェリオの周囲で過ごすメスの数も急に増えました。新しい第1位オスを認めるかのようなメスたちのこのような行動は、群れの安定には大事なことだと思います。第1位オスはどのオスよりも優位であることだけでなく、メスたちから認められることも大事なのです。

157　新しい第1位オスから第1位メスへのマウンティング（1993年8月7日昼過ぎ）：フェリオがリキニオより優位になり、第1位オスとなると、それから間もなく、フェリオは第1位メスのペットへのマウンティングを、場所を替えながら、立て続けに3回行いました。3回のマウンティングは、フェリオがペットに対して優位を明確に示すだけでなく、周りで見ている多くのメスたちにも、フェリオの存在を見せつけることになったのかもしれません。

158　新しい第1位オスのフェリオ（右）と第1位メスのペットの間で高まった親しさ（1993年11月）：フェリオが新しい第1位オスになった直後から、フェリオとペットが一緒にいること、さらには、ペットからフェリオへの毛づくろいが急に増加しました。第1位メスが新しい第1位オスと親しくすることは、第1位オスの交代直後の群れのまとまりを安定させるのに大事なことかもしれません。

群れに再び戻ってきたオス

　神庭の滝の群れの60年の歴史で、1500頭を超える赤ん坊が生まれています。その半分がオスで

すが、群れに残って第1位オスになったのはわずか11頭です。群れの中心部のオスとして残っても、ほとんどのオスは第1位オスにならずに、あるいは、なれずに、10代中頃までに、群れを離れて行きました。だから、神庭の滝の群れで生まれ育ち、20歳を超えても群れにとどまっていたオスは、老衰のために餌場で死亡した3頭の第1位オスを含めて、わずか11頭です。しかも、どのオスも、何の前触れもなく、群れを出ていくので、何がきっかけで、群れを出て行ったのかは全くわかりません。群れを離れた後のオスの消息も謎に包まれたままです。

　そんな中で、他のオスとは少し異なるライフ・ヒストリーを歩んだオスがいます。そのオスは10歳を過ぎてから中心部のオスとなり、17歳で群れを出て行きました。でも、4年後の21歳のときに、群れに戻ってきたのです。神庭の滝の群れで、1年以上も群れを離れたのちに、戻ってきたサルはこのオス1頭です。

　このオスの正式な名前はベラ53'71'79'87'94です。彼の曽祖母の通称がペット（リキニオを助けたあの第1位メスのペットのことです）なので、私たちはペット79'87'94と呼んでいたのですが、これでも長いので、ここでは、ピーオと称することにします。ピーオは1994年5月15日または16日に生まれました。ピーオの母ザル（ペット79'87）は第1位血縁系のメスですが、その血縁系の中での順位は下の方でした。母ザルは5歳の初産から2年ごとに4回連続でオスの子どもを産みました。ピーオは彼女の2番目の子どもです。だ

7歳　　　12歳　　　17歳　　　21歳

から、彼には2歳上の兄と、2歳下、4歳下の2頭の弟がいました。ピーオがワカオスの頃までは、兄弟で遊んでいたかもしれません。でも、彼が10歳を過ぎて、精悍なオトナのオスになってから、兄弟と一緒にいるところや毛づくろいをし合っているところはほとんど目撃することはありませんでした。ニホンザルでは母と娘、あるいは姉妹が一緒になって、別の血縁のメスとケンカしたりします。同じように、兄弟も一緒になって別のサルとケンカすることがあるのですが、ピーオが兄弟と一緒になって、他のサルとケンカするような場面の記録は、私のノートには残っていませんでした。だから、年齢の近い3頭の兄弟がいながら、ピーオは彼らとは疎遠だったと言えます。そして、兄は13歳で、2頭の弟は11歳と12歳で群れを出て行きました。

　私がサルたちを見ながら記録しているノートにピーオの名前がときどき出てくるのは、彼が7歳の頃からです。多分、4、5歳の頃から周辺部で年齢の近いオスたちと一緒に過ごすことが多くなり、群れの中心部でその姿をほとんど見ることがなかったのだと思います。それでも、1日に2回ある餌まきのときだけ、餌場に姿をあらわしていたので、群れに留まっていることが確認できたの

159 ピーオの歩み（通称ペット79'87'94）：（左端）7歳。中心部ではまだほとんど見ることができなかった時期。母ザルとの毛づくろいも全く見られませんでした。（左から2つ目）12歳。第3位オスになった直後。この1週間後に、第1位オスがいなくなり、第2位オスになりました。この頃には、ピーオと母ザルの間で頻繁に毛づくろいのやりとりが行われていました。（左から3つ目）17歳、第4位オス。3カ月後に、第1位オス、第2位オス、そして、ピーオの姿が同時に、群れから消えました。群れを出た後、ピーオだけが神庭の滝の群れの隣接群で、ときどき確認されていました。（右端）21歳、群れに戻ってきて1カ月ほどのとき。その2年後、2017年5月、23歳のピーオは再び、群れを出て行きました。それから後の彼の消息は不明です。

だと思います。

　7歳になったピーオは、秋の交尾期頃から、餌場でときどき見かけるようになりました。周辺部のオスから中心部のオスに変わり始めたのですが、中心部のオスとして落ち着くまでに、さらに、3、4年が必要でした。

　2003年8月、第1位オスのケリイオが老衰で死亡したとき、9歳になっていたピーオはオスの中で第5位の順位になりました。でも、ピーオが餌場で他のサルと毛づくろいをしている姿をほとんど見かけることはありませんでした。彼はまだ中心部のオスとしては定着していなかったのです。

　10歳になったピーオは、9歳のときよりは、中心部に姿を見せることが増えました。ピーオが中心部にいるときに、一緒にいて、毛づくろいのやりとりをするのは、もっぱら彼の母ザルと彼と同い年の2頭のメスでした。

　ピーオが中心部のオスとして定着し始めたのは11歳の夏頃からでした。それからは、さらにピーオと母ザルの毛づくろいは頻繁になりました。ピーオが17歳の夏に、何の前触れもなく群れを出るまで、彼と母ザルの毛づくろいは続きました。12歳から14歳までの3年間だけは、ピーオの最も頻繁な毛づくろい相手はメスの中の優劣順位が下位で、彼よりも3歳年上のメス（通称、マシア72'78'91）でしたが、このメスに次いで頻繁な毛づくろい相手は母ザルでした。この2頭以外のメスとはほとんど毛づくろいがありませんでした。つまり、10歳から16歳までの7年間、母ザルはピーオのとても大事な毛づくろい相手であり

160　10歳のピーオへ母ザルが毛づくろい（2004年8月12日）：10歳の夏ころから、ピーオは餌場で過ごす時間が少しずつ増えてきました。活動の場が、それまでの周辺部から中心部に徐々に変わってきたのです。でも、ピーオの毛づくろい相手は、当時17歳の母ザルとピーオと同い年である10歳のメスの2頭ぐらいでした。

続けたのです。しかも、母から息子への一方的な毛づくろいではなく、息子から母への毛づくろいもほとんど同じくらいありました。これほど密接で、しかも長期に続いた母とオトナの息子の関係は、他には全くありませんでした。

　ピーオが中心部のオスとして定着する2年前の交尾期、つまり、彼が9歳のときの交尾期から、ピーオは何頭かのメスと交尾関係を餌場で持つようになりました。交尾期に入ると、餌場のあちこちで、中心部の数頭のオスたちがメスたちと交尾関係を持ちます。ピーオも中心部で、他のサルたちがたくさんいる中で、メスたちと交尾関係を持てるようになりました。その中のメスの1頭に、ピーオの遠縁に当たるメスもいました。ピーオが群れを出ていくまでの9歳から16歳までの8回の交尾期に、このメスとはほとんど毎年、交尾関係を持っていました。これほど毎年続くオスとメスの交尾関係は珍しいと思います。しかも、ピーオ

161 橋の欄干に横になった12歳のピーオの大きなあくび：この1カ月前に、彼は第2位オスになりました。精悍な体つきでしたが、17歳で群れを出るまで、ついに、第1位オスにまで順位を上げることはありませんでした。ピーオよりも優位なオスを兄に持つ5歳から7歳のオスに、追い抜かされていきました。

162 12歳のピーオから19歳の母ザルへの毛づくろい（2006年11月）：交尾期の最盛期で、どちらも、とても赤い顔をしています。ピーオはこの年の交尾期に、少なくとも8頭のメスと交尾をしていました。交尾相手のメスとくっついて座ったり、交尾をしたりなど、一緒に過ごす時間が多いのですが、それでも、ときどき母ザルと毛づくろいをし合っていました。この年、19歳の母ザルも、他のオスと交尾をしていました。

163 13歳のピーオから優劣順位が下位血縁系のメス（16歳）への毛づくろい：ピーオが12歳から14歳までの3年間は、このメスとの毛づくろいが飛びぬけて多かった時期です。でも、交尾期には、この2頭は交尾関係にはならずに、毛づくろいをし合うだけの関係でした。このメスとの頻繁な毛づくろいの合間に、ピーオは母ザルとも毛づくろいのやりとりをしていました。ピーオが16歳のときに、このメス（19歳）が群れから姿を消し、2頭の関係は終わりました。

とこのメスが親しくするのは交尾期だけで、それ以外の時期にこの2頭が毛づくろいをしているのは見たことがありませんでした。

　ピーオは周辺部と中心部を行き来していたような時期の9歳のとき、オスの中で第5位になっていました。彼より上位のオスは、9歳から13歳で、全て第1位血縁系のオスでした。しかも、そのオスたちの母ザルは、ピーオの母ザルよりも優位なメスたちでした。この後、ピーオよりも上位で、年長のオスたちが群れを出ていくたびに、ピーオの順位は1つずつ上昇しました。そして、12歳で第2位オスになりました。でも、上位のオスが群れを出ていくたびに、順位が確実に上がるならば、ピーオは11歳のときに、第1位オスになっていたはずです。ところが、ピーオの母よりも優位なメスの息子たちが5歳から7歳になると、いつの間にかピーオよりも優位になっていました。ピーオを追い抜いた若いオスたちにはピー

164 23歳の母ザルから16歳のピーオへの毛づくろい：10歳頃から群れを出る17歳まで、ピーオにとって、母ザルはとても大事な毛づくろい相手でした。交尾期に、交尾相手のメスとの毛づくろいを除くと、ピーオの毛づくろい相手は、母ザルと、その他にはわずか2、3頭のメスがいるだけでした。

オよりも上位の兄がおり、その兄を後ろ盾にして、ピーオよりも優位になったと思われます。実際、ピーオよりも上位の兄がそばにいるとき、その弟がピーオに向かって威嚇をするのを何度か記録しています。このような出来事を繰り返すと、ピーオはひとりでいる弟に対しても、避けたり、尾を下げたりして、劣位を示すようになっていました。ピーオは17歳で、第4位のとき、群れを出て行ったのですが、それまでに、4頭の若いオスに順位を追い抜かされていました。

ピーオは12歳の夏に、生後2カ月半のメスの子ザルを抱いたり、毛づくろいしたりし始めました。パターナル行動です。神庭の滝の群れでは、オトナのオスがパターナル行動を始める時期は、子ザルが生後半年を過ぎてからがほとんどです。だから、ピーオからこの子ザルへの関わりはかなり早い時期に始まったと言えます。さらに、この付き合いは、ピーオが群れを出る17歳まで、子ザルが5歳のワカメスになるまで続きました。さらに、4年後に、ピーオが群れに戻ってきたとき、ピーオは9歳になったこのメスと毛づくろいのやり取りをしていました。

ピーオとこの子ザルとの関わりは、毎日ではなく、ときどき見られる程度でした。子ザルがピーオに近づいて、くっついて座ると、ピーオが毛づくろいしたり、抱っこしたりしていました。子ザルがまだ小さいときに、そばでクーと鳴くと、ピーオが腕を伸ばして抱き入れることもありました。子ザルが1歳、2歳になっても、ピーオが抱いたり、毛づくろいしたりすることがときどきあ

165 13歳のピーオと彼の遠縁に当たる19歳のメス（ピーオの母の叔母、通称ペッパー）との交尾関係（2007年12月27日）：ピーオとこのメスの交尾が初めて目撃されたのは、ピーオが9歳のときでした。それ以降、17歳で群れを出ていくまで、交尾期になるとほとんど毎年、この2頭の間で交尾が見られました。しかし、交尾期以外の時期に、ピーオがこのメスと毛づくろいしているのは記録されていません。

166 10歳で第1位オスのペット88'00から16歳のピーオ（第4位オス）へのマウンティング：ピーオはこのオスが6歳になるまでに、順位を追い抜かれていました。

167 ピーオとメスの子ザルの特別な関係：（左）ピーオが12歳の夏、生後2カ月半のメスの子ザルに対して、くっついて座る、抱く、毛づくろいするなどのパターナル行動を始めました。（左から2つ目）生後10カ月になったメスの子ザルをピーオが抱くようにして、毛づくろいをしています。（左から3つ目）子ザルが4歳になり、ワカメスに近づいたとき、16歳のピーオはこのメスと活発なレスリング遊びをすることがありました。ピーオもワカメスもともに、遊びのときに特有の表情をしています。（左から4つ目）子ザルが5歳のワカメスになってからも、ピーオ（17歳）はこのメスと、激しいレスリング遊びをすることがありました。この3カ月後に、ピーオは群れを出て行きました。ピーオのように10代の後半になったオトナのオスが他のサルとレスリング遊びをすることはほとんどないと思います。しかも、オトナのオスとワカメスの間での遊びもほとんどありません。だから、ピーオとこのメスの活発な遊びは、とても珍しいことだったのです。

りました。ピーオが他の子ザルにはこのようなことをしなかったので、やはり、ピーオとこの子ザルの関係は特別なものだったと思います。ピーオがこの子ザルの母ザルと親しくしていた記録はなかったので、なぜ、ピーオがこの子ザルにパターナル行動を始めたのかは全くわかりません。

　この子ザルが4歳、5歳のワカメスになったとき、ピーオとこのメスの間で毛づくろいのやりとりがよく見られるようになりました。ピーオが母ザルと毛づくろいをやり取りするのと同じくらい頻繁にすることもありました。さらに、ピーオとこのワカメスの双方が近づいて、急にレスリング遊びを始めることもありました。どちらもが口を半分くらい開けて、互いに見合いながらつかみかかって行きました。まさに、1歳を過ぎた子ザルたちの遊びそのものです。それを16、7歳のオスと4、5歳のメスが行うのですから驚きそのものでした。

　ピーオが群れを出て行ったのは突然のことでした。2011年7月7日から9日までの3日間、群れが餌場に出てきませんでした。4日ぶりに群れが餌

　場に入ってきたときには、第1位オス、第2位オス、そして、第4位オスのピーオの姿はありませんでした。群れから出て行っていたのです。ピーオは17歳でした。前触れのようなものは全くありませんでした。中心部のオスが群れから離脱するときは、たいてい突然のことですが、1頭だけのことがほとんどです。3頭も同時に姿を消すというのは、神庭の滝の群れでは初めてのことでした。

　群れを出た3頭のうち、ピーオだけは、その後の消息をときどき確認できました。神庭の滝の群れの遊動域の端近くを、別の群れのサルたちと一緒に歩いている姿が何度か目撃されていました。ピーオは隣接群に入ったようです。ニホンザルの隣り合う2つの群れが交じり合ったり、あるいは、追いかけたり、つかみ合ったりなどの争いにまで発展することはほとんどありません。だから、神庭の滝の群れを見ている私には、ピーオが隣接群の周辺のオスだったのか、中心部のオスになっていたのかは全くわかりませんでした。

　そのピーオが、神庭の滝の群れに戻ってきたのです。ちょうど4年後の2015年7月初旬でした。

168 4年ぶりに群れに戻ってきた21歳のピーオ：戻って来た当初は、群れのサルたちと一緒に餌場に滞在していても、他のサルから離れてひとりでいることが多かったようです。

169 座っているピーオの前を、第2位オス（9歳）が、尾を上げて通過しています。群れに戻ってきたピーオがオスたちから追われるようなことはほとんどありませんでした。

170 群れに戻ってきて間もないピーオ（21歳）から母ザル（28歳）への毛づくろい：ピーオが群れを出る前の10歳頃から17歳まで、ピーオと母ザルの間ではとても頻繁に毛づくろいが行われていました。ピーオが群れに戻ってくると、再び、ピーオと母ザルの間で毛づくろいが見られるようになりました。母ザルと息子の親しい関係の復活です。

私が21歳のピーオを見たときは、餌場で群れのサルたちと一緒に過ごしていました。ピーオが戻ってきたとき、群れの第1位から第4位までのオスは、ピーオが出ていった4年前には、まだ4、5歳で、中心部のオスとしての順位が定まっていなかったオスたちです。そんなオスたちが、戻ってきたピーオを追いかけたり、あるいは、ピーオに近づいて退かせたりするようなことをほとんどしませんでした。ピーオも自分の存在を誇示するようなことは全くなく、餌場の端の方で、他のサルから離れてひとりで過ごしていることのほうが多かったと思います。だから、ピーオは中心部で過ごしながらも、彼の順位はオトナのオスの中では最も低く、そして、第1位血縁系の4、5歳のオスよりも低かったようです。

でも、ピーオがいつもひとりでいたわけではありません。ときどき、餌場の端の方で、メスと一緒に過ごすことがありました。たいていは、一緒に座っているか、ピーオがメスに毛づくろいしていました。そのメスたちは、ピーオの母ザルと、ピーオのパターナル行動の相手であり、4年前にレスリング遊びを一緒にしていたあのメスでした。そのメスも9歳になり、母ザルになっていました。群れに戻ってきたピーオがこれらの2頭のメスと一緒にいたり、毛づくろいをしたりしているところを見ながら、4年前まで親しくしていた記憶がサルたちにもしっかりと残っているのだ、と私は強く思いました。

ピーオは、さらにもう1頭のメスとも、ときどき毛づくろいをしていました。群れを出ていく前

のピーオが3年程連続して交尾関係を持っていたメスですが、交尾期以外の時期に、ピーオとこのメスが毛づくろいをしている場面を目撃したことがありませんでした。たくさんのメスの中から、ピーオがどうしてこのメスと親しくできるようになったのか、もちろん全くわかりません。

　群れに戻ってきたピーオは2年後に、いつの間にか姿を消していました。2017年5月1日に、私が見たのが最後でした。23歳になる2週間前でした。その後の消息は全くありません。群れに戻ってきてからの2年間、ピーオの優劣順位が上がることはなく、毛づくろい相手もほとんど増えませんでした。戻ってきて2年目になると母ザルとの毛づくろいもほとんど見かけなくなりました。これは、母ザルが29歳という高齢であったことも影響しているだろうと思います。

　私のノートにピーオの名前が出てくるのは、彼が7歳の頃からで、そして23歳で終わりました。ワカオスから老齢という言葉が当てはまりそうになる時期までの実に17年間も記録し続けてきたことになります。ピーオが群れにいなかった4年間がありますが、それでも、オスのオトナの期間のほとんどを見てきたことになります。でも、ピーオには、私たちを驚かしてくれるような出来事に関わることは一度もなかったと思います。第1位オスになることもありませんでした。だから、もし、私がピーオのことを誰かに紹介するとするならば、母ザルといつまでも毛づくろいしていたオス、パターナル行動の相手であったメスの子ザルがオトナになってからも毛づくろいやレスリン

171 背中が曲がってきた22歳のピーオ：群れに戻ってきて1年が経ちました。22歳になったピーオの背中は少し曲がり、腰が下がった歩き方になってきました。再び、群れの中で暮らし始めて1年経ちましたが、相変わらず、目立たない存在でした。

172 ピーオの最後の写真：2017年5月1日の昼さがり、ガヤの木の枝に座り、幹にもたれて昼寝をしているピーオの姿が珍しくて撮った写真が、最後の1枚になりました。この木の周りの地面では、サルたちが横になって眠ったり、毛づくろいしたりしていましたが、ピーオだけがやや細い木の幹にしがみつくようにして眠っていました。群れに戻ってからのピーオの暮らしぶりを物語るような昼寝の姿でした。この後、ピーオは群れを離れました。23歳の2週間前でした。

グ遊びで親しく関わり続けていたオスと伝えると思います。でも、この事実は、とても大切です。4年間も群れを離れていたピーオが群れに戻ってきても、母ザルと幼いころから親しくしていた1頭のメスとは、4年前と同じように毛づくろいをしたり、一緒に座って過ごしたりし始めたのです。4年間も離れていたのに、それ以前に親しくしていた記憶がピーオに残っていたし、母ザルとそのメスにも残っていたのです。私たちが以前のことを写真や動画を見るかのように頭の中に映し出すことがあると思います。ピーオもメスたちも、4年以上前のお互いの親しくしていた記憶が頭の中に映し出すことができたから、ピーオが群れに戻ってからも以前と同じような親しい付き合いが復活したのだと思います。ピーオが群れに戻ってきてくれたおかげで、サルたちがずいぶん遠い過去のことも記憶に留めながら暮らしていることが確認できたと思います。

173. 群れに戻ってきピーオ（21歳）に対して、かつてのパターナル行動の相手であったメス（テラ68'73'89'97'06）からの毛づくろい：ピーオが群れを離れるときは、5歳で、まだ出産もしていなかったメスが、4年後に彼が戻ってきたときには9歳で、赤ん坊を産んで子育て中でした。赤ん坊をお腹に入れて、そのメスがピーオに毛づくろいをしています。

解説
霊長類の特徴

ニホンザルとヒトは「進化の隣人」

霊長類はヒトとゴリラやチンパンジーなどの類人猿、そしてニホンザルなどのサル類をすべて含んだ言葉です。霊長類の先祖は約6500万年前、ちょうど恐竜が絶滅する頃に生まれました。リスに似た動物であったようです。その霊長類の共通祖先は地上ではなく、樹上に暮らしの場を求めました。樹上の暮らしに適した体と行動を獲得しながら、さまざまに枝分かれし、今、地球上で暮らしている約350種の霊長類に進化しました。樹上での暮らしから、地上での暮らしに移った仲間も

174 霊長類の系統樹：写真は、左から、ワオキツネザル、リスザル、ニホンザル、オランウータン、ゴリラ、チンパンジー、ヒトです。新世界ザルは中米のメキシコから南米のアルゼンチンまでに棲むサルのことです。旧世界ザルはアジアとアフリカに棲むサルのことです。類人猿のチンパンジーやゴリラはニホンザルよりも、ヒトに近い生きものです。

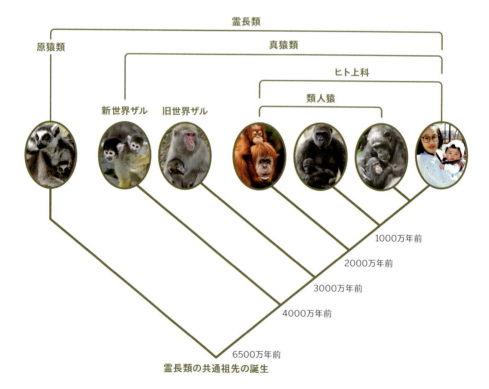

いました。ヒトはそんな仲間からさらに進化して生まれました。

　現在、ヒト以外の霊長類が棲んでいるのはアジア、アフリカと中米、南米だけです。ヨーロッパと北米、オセアニアにはヒト以外の霊長類は棲息していません。日本に棲むサルはニホンザルの一種で、日本だけに棲んでいるサルでもあります。ニホンザルはヒト以外の霊長類の中ではもっとも北に棲むサルなので、北限のサルとも呼ばれます。その北限は青森県の下北半島です。ニホンザルは雪の中でも暮らすことができるので、スノーモンキー（snow monkey）としてもよく知られています。

　ヒトに最も近いヒト以外の霊長類はチンパンジーです。だからヒトとチンパンジーは互いに「進化の隣人」と言われています。でも、サル以外の哺乳類と比べれば、ニホンザルとヒトも進化の隣人です。互いに似通った体つきをしており、行動にも類似点がいろいろあります。

握る手、つまむ指

　ニホンザルの手は、ヒトの手ととても似ています。あなたの手をニホンザルの手の写真と見比べてください。どこが似ているのかすぐわかります。親指が他の4本の指と向かい合うようになっています。拇指対向性と言います。ニホンザルだけでなく、他のほとんどの種類のサルも類人猿も、そして、ヒトも拇指対向性の手を持っているので、手でものをつかんだり、握ったりできるのです。さらに、ヒト以外の霊長類の足は、手と同じ

175 ニホンザルの手（上）と足（下）．どちらも、オトナメスです．親指が他の4本の指と向き合っています。だから、握ることも、つまむこともできます。ニホンザルの顔の色が赤いのに対して、手や足の色はさまざまです。

ように、親指が他の4本の指と向かい合っているので、ものをつかむことができます。だから、四足動物というよりも、四手動物のほうが適切な表現です。ヒトの足は、地上を直立して二足歩行するのに適した形に進化したため、拇指対向性がなくなり、親指は他の4本の指と並んでいます。だから、ヒトだけが直立二足歩行できる動物です。

霊長類の指先についている爪のかたちは、イヌやネコの細く尖った爪とは全く異なり、平たい爪です。この爪があるので、指先に力を入れて、ものを握ることができるのです。さらに、ヒトと同じように、サルの指先には指紋が付いています。手のひらにも模様がついています。掌紋と言います。指紋も掌紋もものを握ったり、つかんだりするときの滑り止めの役割をします。

霊長類がものをつかめる手と足を獲得できたのは、樹上でのくらしを始めたからです。樹上の食べ物と言えば、果実、葉、花などです。これらは木の太い幹の近くではなく、枝先に育ちます。サルが樹上を移動して、枝先にたどり着き、そこで落ちないように果実、葉や花を取って食べるために、ものをつかめる手と足、さらには、ものをつまむ手の指が進化の過程で獲得されたのです。

樹上生活によって獲得されたものをつかみ、握ることができる手と足は、母と子の関係も変えました。生まれた瞬間から、霊長類の赤ん坊は手足の指でものをつかむことができます。だから、母ザルの胸にしっかりとしがみつくことができるのです。母ザルが樹上を歩いて移動するときも、枝から枝に飛び移るときでも、母ザルは赤ん坊を手

176 平爪と指紋：(上)ニホンザルの爪は、イヌやネコの爪と異なり、平たいので、平爪と言います。(下)ニホンザルの足の親指の指紋。手足の全ての指には、ヒトの指と同じように指紋があります。

181 母ザルと2頭の娘たちの顔：それぞれ9歳、4歳、1歳になる直前です。ヒトと同じように、ニホンザルのように、他のどのサル類でも、顔の前に2つの目が並んでいます。また、口や鼻の部分が、イヌのようには、突き出ていません。だから、イヌと比べると、サルもヒトも平べったい顔になっています。

ています。このような草食動物は、肉食動物に襲われる危険の中で暮らしています。襲われないようにするには、少しでも早く肉食動物を発見することです。顔の両側に目が1つずつついているので、自分の前方や横側だけでなく、後方まで、つまり、自分のほとんど周囲を、顔を動かすことなく視野の中に入れることができます。だから、草食動物は肉食動物の接近をいち早く見つけて、逃げることができます。

　では、どうしてサルやヒトの目は顔の前についているのでしょうか。あなたがテーブルの前に座ったとき、テーブルの上に水の入ったコップが

置かれました。あなたはコップが手を伸ばせば届くところにあるのか、もっと離れたところにあるのかがすぐわかります。それは、あなたが顔の前に並んだ2つの目で、コップを見ているからです。左の目と右の目が、コップを見ている角度が少しだけ異なっています。2つの目に映っている光景も少しだけ異なっています。このわずかなずれから、おおよその距離を推測できるのです。走ってくる自動車がどれくらい離れたところにいるのかが推測できるのも、同じ原理です。顔の前に2つの並んだ目があるおかげで、対象物と自分の間の距離を把握することができるのです。これを奥行知覚と言います。

サルは樹上で、枝の先や樹冠で果実や葉っぱを食べ、枝から枝へ、木から木へ飛び移ったりして移動します。隣の木との距離を見誤れば落下することになります。だから、樹上で飛び移るような暮らしをするサルは、正確な距離を把握できることが大事になります。そのために、顔の正面に2つの目が並ぶような形態を、進化の過程で獲得したと考えられています。

さらに、サルの顔には、他の動物たちにはない大きな特徴があります。それは顔が毛でおおわれていないことです。顔が毛でおおわれていないので、サルの表情の動きがよくわかります。サルは

182 樹上で採食する9歳直前のメスザル：サルは、両手、両足で枝をしっかり握ることができるだけでなく、両目が顔の前にあるので、奥行知覚ができます。だから、枝先での採食も、枝から枝へのジャンプもできます。

183 7歳のメスがお腹に子ザルをしがみつかせて、岩から岩にジャンプして川を渡っています。顔の前に並んだ2つの目を持っているサルは、かなり正確に距離を推測できるので、川に落ちることなく、このように岩から岩への大きなジャンプができます。

184 白目がほとんどないサルの目：ヒトの目は白目があるので、どこを見ているのかが良くわかりますが、白目が目立たないサルは、どこを見ているのかがそれほどはっきりしません。

怒った表情や怖がった表情、さらには、唇を細かく動かして相手をなだめる表情も出せます。口元だけでなく、目元の動きまでよくわかるのは、顔に毛がないからです。サルたちはさまざまな表情の顔を相手に見せて、感情を伝達することができるのです。私たちヒトでも、気持ちが表情となって表れるし、表情から相手の気持ちを読み取ることができます。ただ、サルに比べると、ヒトはずっと複雑な感情を持ち、それが表情となって顔に現れます。

毛でおおわれていないニホンザルの顔は、顔色もはっきりとわかります。「赤い顔」はニホンザルの特徴ですが、実は、サルによってかなり違います。赤ん坊のときは、どの赤ん坊も白っぽい顔をしていますが、オトナになると、オスもメスも、白っぽい赤色から、濃い赤色の顔まで、いろいろです。そして、交尾期になり、発情すると、オスもメスも鮮やかな赤色の顔になります。このときは、毛におおわれていないお尻の皮膚も、同じよ

185 ニホンザルの表情：怒りの表情（左）と恐怖の表情（右）です。顔が毛でおおわれていないので、目元や口の周囲にできた大きなしわもはっきりわかります。

うに鮮やかな赤色になっています。そして、白っぽい顔か真っ赤な顔なのかが区別できる目を持っています。赤く熟れた実か、まだ青くて熟れていない実なのかがわかるように、ニホンザルだけでなく、ほとんどの霊長類はヒトと同じように、豊かな色彩を感じることができます。つまり、ほとんどの霊長類は白黒の世界ではなく、カラーの世界で暮らしています。

　樹上での暮らしを始めた霊長類の祖先は、握ったり、つまんだりできる手足と遠近感を正確に把握することができる顔の正面に並んだ2つの目を獲得しました。そして、樹上の暮らしに不可欠なこれらの形態の変化が、サルたちの社会性を高めることにも役立ちました。感情が相手に伝わりやすい毛のない顔も、サルたちの社会性を一層豊かにするのに役立ったと思われます。

186　2歳の子ザルが、母ザルの前で、おっぱいを求めているときの表情です。怒った表情や怖がった表情とも異なった表情であることがわかると思います。

187　8歳のオスの顔色：このオスの普段の顔色は他のサルに比べるとやや白っぽいのですが、交尾期になると真っ赤な顔色に変わります。上が8月に、下が同じ年の11月に撮影。

188 著者の中道が3、4歳の子ザルの遊び場面をカメラで撮影しているところ（山田一憲氏撮影）。

おわりに

　日本では1950年代前半から、各地でニホンザルの群れへの餌付けが始まりました。餌付けに成功したところでは、野猿公苑が開設され、たくさんの観光客が訪れるようになりました。そのいくつかの野猿公苑では、個体識別をし、サルの行動や生態を観察する研究も始まりました。すぐそばで自由に過ごすニホンザルは観光客だけでなく、研究者にとっても魅力的な存在でした。神庭の滝のニホンザルの群れへの餌付けは、1957年に当時の地元自治体である岡山県真庭郡勝山町（現在は町村合併で真庭市）と大阪大学が共同で始めることになりました。観光と猿害防止、そして、サルの行動研究がその目的でした。翌年の2月には、雪におおわれた神庭の滝の近辺で、人の撒いたイモや小麦などをサルたちが食べ始めました。餌付けの成功です。それから60年が経過しました。

　私が神庭の滝のニホンザルを初めて見たのは1977年の夏でした。リキニオが12歳になり、第1位オスとなってちょうど1年経った頃でした。でも、サルたちの個体識別をして

189 神庭の滝の群れの餌場：(左) 餌付けから数年後の冬の餌場（1966年頃の撮影、比較行動学研究室所蔵の写真から）。(右) 餌付けから53年後の2011年11月、晩秋の餌場。

行動を記録するようになったのは1990年からです。第1位オスのリキニオは25歳になり、歯が抜け、腰も曲がっていました。だから、そろそろ第1位オスの交替も近いだろうと思い、その交替をしっかりと観察しようと決めたときからでした。

それから30年近くが経ちました。その間、海外でのワオキツネザルやゴリラの研究などを行っていた時期もあり、空白の期間はありましたが、21世紀に入ってからは神庭の滝のニホンザルをずっと見続けています。

サルたちはいろいろなことを教えてくれました。個体識別をし、誰と誰が何をしているのかを、書き留め続けているだけですが、私はいつの間にか「サルを見て、ヒトを知る」という言葉をよく使うようになっていました。サルを見ていると、ヒトとの違いよりも、ヒトと似ているところに気づかされるからです。私は学生のときから今までの40年余を、大阪大学の「人間科学」と称するところに所属してきました。そこは、人間の心や行動、暮らしについて考え、教育・研究するところですが、私はずっとサルを相手にしてきました。最初は社会の中でのサルの暮らしぶりを明らかにすることだけを目指していましたが、今は、進化の隣人であるサルを通して、ヒトの理解にも貢献できると強く思っています。だから、私が実践してきた「サルを観察し、記録するサル学」こそが、私にとっての「人間科学」であると思っています。

神庭の滝の群れの観察では、餌付け開始当時から今まで、地元の多くの方々にご支援をいただいてきました。群れの餌場は神庭の滝自然公園内にあります。公園には観光客が来られ、サルも入ってきます。公園内で、これまでサルと人の間での大きな軋轢もなく、来園された多くの方々がサルを見て楽しんでもらえているのは、公園管理、餌場管理にご尽力さ

れてきた勝山町そして真庭市の職員の皆様のご努力のおかげです。そのような環境であるからこそ、大阪大学の研究者や学生が60年にもわたりサルたちの個体識別を継続しながら、サルの観察を思う存分に行うことができました。町職員、市職員をはじめとした地元の多くの皆様のご支援をいただきました。お一人おひとりの名前を書き連ねることをいたしませんが、すべての皆様に深く感謝申し上げます。

神庭の滝に来られる方々は観光客だけではありません。小学校から高校までの児童や生徒の皆さんが、サルの観察学習を目的に来られることもあります。20年以上続いている学校もあります。サルの顔を覚えることができるから、名前を付けられること、だから、サルの母と子の関係や兄弟姉妹の関係もわかり、年齢もわかること。サルを見ながら、このようなことやサルの暮らしぶりをお話しすると、すぐに理解してもらえます。そして、鋭い質問もいただけます。児童・生徒の皆さんと一緒に、餌場でサルたちのさまざまな姿を見て、感じ、新たな疑問に出会うことは、大変大事な機会でした。これからも継続できることを願っています。

1957年から始まった餌付けの試み、そして餌付けが成功してからの個体識別を行いながらの行動観察。その結果、今、神庭の滝の群れで暮らしているすべてのサルたちの母系血縁の祖を60年前の1958年の餌付け当初まで遡れます。このように群れのメンバーの血縁関係が半世紀を超えて記録され続けている群れは、世界的にも大変貴重です。餌付けを地元の方々と一緒に開始された当時、大阪大学の大学院生であった糸魚川直祐先生（現在、大阪大学名誉教授）は、1958年2月に餌付けに成功すると、サルの顔を覚え、オトナのメスに名前を付け、それぞれを母系血縁の祖と決めました。個体識別の開始です。それ以降、糸魚川先生やその他の大阪大学の教員、学生が個体識別を引き継ぎながら、行動観察を続けました。

190 神庭の滝の群れの観察基地：(左) 神庭の滝自然公園内に設置された餌付け開始当初に用いられたテント (研究室所蔵の写真から)。(右) 雪で白くなった「神庭の滝ニホンザル観察所」。公園内に建てられた大阪大学大学院人間科学研究科の宿泊施設。1986年に、古い宿泊施設を取り壊し、新築されました。

　その成果の1つは糸魚川先生の著わされた『サルの群れの歴史　岡山県勝山集団の36年の記録』(1997年刊行、どうぶつ社)だと思います(この糸魚川先生の著書は、本書『写真でつづるニホンザルの暮らしと心　岡山・神庭の滝の群れの60年』をまとめる際に、参考にさせていただきました)。21世紀に入ってからは、餌場管理をされる市職員の方々も一緒になって個体識別を継続しています。このように個体識別が継続されていなかったら、満足な行動研究はできなかったし、群れの動向の把握も不十分になっていただろうと思います。餌場管理に関わってこられた皆様方、そして、糸魚川先生から続く研究室の多くの先輩、同輩、後輩の方々の努力によって、個体識別が引き継がれていきました。あらためて個体識別や餌場管理、群れに関わるその他の諸々のことに関わられた多くの方々に心より御礼申し上げます。

　もちろん、個体識別や餌場管理だけで、研究ができるわけではありません。大阪をたびたび留守にし、神庭の滝自然公園内にある「神庭の滝ニホンザル観察所(勝山第一実験所より変更)」に滞在しながら研究を続けて来られたのは、地元の勝山町、真庭市の皆様、大阪大学の教職員、学生、さらには学生の保護者の方々の言い尽くせないさまざまなご支援、励ま

し、ご厚情のおかげです。深く感謝申し上げます。

　神庭の滝の群れは、餌場にいるだけでなく、山の中を動いて、採食し、寝泊まりしています。遊動域には田畑もあります。さらに、神庭の滝の群れの周囲にも複数の隣接群がいます。これらのサルの群れが田畑の作物を荒らすこともあります。猿害です。餌付けの目的の1つが猿害防止でした。残念ながら、猿害を完全に食い止める術は今のところ見つかっていません。日本各地で猿害が起こっています。同じように、神庭の滝の群れの遊動域でも、隣接群の遊動域でも起こっています。サルに荒らされた田畑を目にすると言いようのない気分になります。田畑を耕し、作物を育て上げ、そろそろ収穫というときに、サルに荒らされたら、どんな気分になるでしょう。被害を受けられた方々の気持ちに思いを馳せるとき、猿害対策に十分な知恵を出せず、行動もできていないことに、忸怩たる思いです。しかし、若い世代の研究者の皆さんが新しい技術を用いて、人とサルの共存の仕方を模索し始めています。この試みの成果を、神庭の滝の群れでも享受できる日が近づいていると思います。人と野生動物が程よい関係で共生できること、そして、神庭の滝の群れの歴史がこれからも刻まれ続けることを願っています。

　本書は、平成30年度「大阪大学教員出版支援制度」に採択され、大阪大学と大阪大学出版会の支援を得て、同出版会から出版できることになりました。神庭の滝のニホンザルの暮らしを写真でつづった本書を、学術図書として出版していただけることは、研究成果を普及させ、今後の研究活動をさらに推進すべきものとして認めていただけたことを意味します。嬉しい限りです。大阪大学出版会の板東詩おりさんには、原稿の修正やコメントなどさまざまなご支援をいただきました。

感謝申し上げます。最後に、30年にわたり、私のサルとのつきあいを支えてくれた妻、康子に礼を述べたい。

2018年11月

著者

吹田キャンパスの研究室の自席から、インターネットのライブカメラで、
神庭の滝のニホンザルを見ながら
http://www.city.maniwa.lg.jp/webapps/www/live-cam/location/kannba.jsp

付録
写真に写っている
サルたちの名前一覧
撮影日とサルの正式名称

注釈

1. 正式名称：母ザルの名前に、生まれた西暦の下2桁の数字を付けたものがサルの正式名称です。2桁の数字の後のfはメス、mはオスを示します。例えば、Bera53は母ザルのBeraから1953年に誕生したメスのことです。Bera53'71fは、母ザルのBera53から1971年に誕生した娘です。Bera53'71'90mは、母ザルのBera53'71fから1990年に誕生した息子です。Bera53'71fはペットという通称も持っていました。本文では、この通称を用いています。ペットのように、正式名称ではなく、通称を持っているサルもいます。ここでは、正式名称の後に（　）で示しました。
2. &：&の左側が母ザルを、右側が1歳未満の子ザルの名前を示しています。
3. 写真の撮影者は、断りがない限り、著者の中道が撮影しています。著者以外が撮影した写真には撮影者氏名が記載してあります。
4. 撮影日の表記の仕方：2010/1/5は2010年1月5日を示します。

1. 2010/1/5/：（左上）Bera53'71'88'00m、（左下）Bera53'71'92f & Bera53'71'92'09f、（右下）Bera53'71'88'96f．
2. 2014/1/12/：Bera53'71'92'05m．
3. 2007/7/24/：（左から）Mara68'84f（通称マッチ）、Bera53'71'79'87f & Bera53'71'79'87'07m、Bera53'71'79f．
4. 2008/4/25/．
5. 2011/5/10/：Bera53'71'88'94f & Bera53'71'88'94'11f．
6. 2006/6/16/：Bera53'71'79'96f & Bera53'71'79'96'06f．
7. 上．2008/4/25/：Bera53'71'88f & Bera53'71'88'08m．
   下．2007/7/20/：Elza59'73'85'00f & Elza59'73'85'00'07m．
8. 2010/4/25/：Bara64'71'84'98f & Bara64'71'84'98'10f．
9. 2013/7/21/：Tera68'73'92f & Tera68'73'92'13f．
10. 上から．2008/4/25/, 2008/5/1/, 2008/5/12/：Bera53'71'88'08m．
11. 3枚とも．2016/4/19/：Bera53'71'88'04'09f & Bera53'71'88'04'09'16f．
12. 左．2004/6/16/：Elza59'71'76'83'88'95f & Elza71'76'83'88'95'04m．
    右．2016/4/19/：Bera53'71'88'04'09f & Bera53'71'88'04'09'16f．
13. 上．2013/7/31/：（左から）Tera68'73'85'93'02f & Tera68'73'85'93'02'13f, Tera68'73'85'93f & Tera68'73'85'93'13f．
    下．2012/8/2/：（左から）Bara64'79'94'02f & Bara64'79'94'02'12f, Bera53'71'79'96'06f & Bera53'71'79'96'06'12f．
14. 2013/7/31/：（中央）Bera53'71'92'99'05f & Bera53'71'92'99'05'13f, （後方）Bera53'71'88'94'07f & Bera53'71'88'94'07'13m（2足で立ち上がっているオスの子ザル）．
15. 上．2010/9/4/．下．2015/7/12/．ともに個体名不明．
16. 2004/7/19/：（右端）Bera53'71'83'93m．
17. 上．2014/7/21/：（左から）Tera68'73'85'96'14m, Tera68'73'85'96'02'14m．
    下．2010/9/4/：個体名不明．
18. 2016/7/27/：Tera68'73'85'96f & Tera68'73'85'96'16f．
19. 上．2012/7/31/：Bera53'71'92'03'12m．
    下．2016/7/27/：Tera68'73'85'96'02'16f．
20. 左．2006/7/26/：Bara64'71'84'96f & Bara64'71'84'96'06f．
    右．2010/8/4/：個体名不明．
21. 2015/11/7/．
22. 2010/11/20/：Bera53'71'92'99f & Bera53'71'92'99'10m．
23. 2004/11/10/：（中央後方のオトナオス）Bera53'71'83'93m．
24. 2014/1/11/．個体名不明．
25. 2011/12/27/．

26. **上**. 2008/12/26/: Bera53'67'82'98f & Bera53'67'82'98'08f.
    下. 2009/1/10/: Tera68'73'85'96'02f & Tera68'73'85'96'02'08m.
27. 2014/1/26/: Bara64'71'84'00'06f & Bara64'71'84'00'06'13m.
28. 2009/1/28/: (左端) Bera53'71'92'01f & Bera53'71'92'01'06f (背中向き)，(中央) Bera53'71'92'03f & Bera53'71'92'03'08f，(右端) Bera53'71'92f.
29. **上**，**下**. 2007/7/6/: Bara64'71'85'96f & Bara64'71'85'96'06f.
30. **上**. 2010/7/20/: (左から) Bera53'71'88'98'03'08m, Bera53'71'88'98'03f.
    下. 2012/8/7/: (左から) Elza59'73'85'04'10f, Elza59'73'85'04f.
31. 2007/9/2/: (左から) Bera53'71'92'01f, Bera53'71'92'01'06f.
32. 2013/4/29/: Bera53'71'88'98'03f, Bera53'71'88'98'03'12m.
33. **2枚とも**. 2012/8/2/: (左から) Tera68'73'89'01'10m, Tera68'73'89'01f.
34. 2010/7/7/: (左から) Bera53'67'82'91'01f'07, Bera53'67'82'91'01f.
35. **上**，**中**，**下**. 2012/8/2/: Bera53'71'88'96f & Bera53'71'88'96'11m.
36. 2011/4/24/: Tera68'73'89'97'04f, Tera68'73'89'97'04'09m.
37. **上**. 2006/5/12/: Bara64'71'84'96f, Bara64'71'84'96'05f.
    下. 2006/7/26/: Bara64'71'84'96f & Bara64'71'84'96'06f, Bara64'71'84'96'05f.
38. 2014/7/21/: Bera53'71'92'03'08f & Bera53'71'92'03'08'14m, Bera53'71'92'03'08'13f.
39. 2007/8/12/: Bera53'71'88'96f (毛づくろいを受けているメス) & Bera53'71'88'96'07m (右下の赤ん坊)，Bera53'71'83'95'06m (中央で乳首を口に含んでいる子ザル).
40. **上**. 2003/7/7/: **下**. 2003/7/8/: Elza59'73'85f, Elza59'73'85'02m.
41. **2枚とも**. 2015/7/26/: Bera53'71'79'96'06f & Bera53'71'79'96'06'15f, Bera53'71'79'96'06'13f.
42. 2016/4/26/: Bera53'71'79'96'06f, Bera53'71'79'96'06'13f.
43. 2007/9/21/:
    上. Bera53'71'92'99f (毛づくろいを受けているメス)，Bera53'71'92'99'05f, Bera53'71'88f (毛づくろいしているメス).
    上から2枚目. Bera53'71'92'99f, Bera53'71'92'99'05f.
    上から3枚目. Bera53'71'92'99f, Bera53'71'92'99'05f.
    下. Bera53'71'92'99'05f (手前で太ももを掻いている子ザル)，Bera53'71'92'99f (後方).
44. **上**. 2011/4/10/: 個体名不明.
    下. 2007/2/7/: (中央) Tera68'73'85'93f, (左端) Tera68'73'85'93'04m, (手前) Tera68'73'85'93'02f, (右端) Tera68'73'85'93'06f.
45. 2007/5/21/: 個体名不明.
46. 2016/3/13/: 個体名不明.
47. 2012/8/6/: 個体名不明.
48. 2012/7/31/: 個体名不明.
49. 2015/8/7/: 個体名不明.
50. 2015/7/13/: 個体名不明.
51. **上**. 2012/7/21/: 個体名不明.
    下. 2012/7/31/: 個体名不明.
52. **上**. 2007/9/12/: (後ろ) Tera68'73'85'96'02f, **下**. 2008/8/20/: (後ろ) Lisa57'72'78'94'04f, (手前) Lisa57'72'78'94'08f.
53. 2014/9/6/: (左から) Lisa57'72'78'94'08f, Tera68'73'85'96'02'14m.
54. **上**. 2017/12/24/: 個体名不明.
    中央. 2010/11/20/: Tera68'73'89'97'06f.
    下. 2017/12/25/: Bera53'71'88'04'09f.
55. 2017/12/24/: 個体名不明.
56. **左**. 2012/7/31/: (左から) Lisa57'72'78'94f, Lisa57'72'78'94'08f.

右．2012/1/30/：（左から）Bera53'67'82'91'01'07f，
　　　Bera53'67'82'91'01f．
57. 2008/7/11/：（左から）Bera53'71'88'98f，
　　　Bera53'71'88'98'03f & Bera53'71'88'98'03'08m．
58. 左から．2012/8/3/：Bera53'71'88'08m．
　　　2017/12/28/：Bera53'71'92'99'12m．
　　　2007/9/1?/：Bera53'71'88'02m．
　　　?012/8/17/：Bera53'71'92'05m．
59. 2011/7/12/：（左から）Bera53'71'92'05m，
　　　Bera53'71'92f．
60. 2009/5/3/：Tera68'73'89'97'04f．
61. 2014/7/15/：Bera53'71'92f & Bera53'71'92'14f．
62. 2015/7/13/：（左から）Bera53'71'88'98'06'11f &
　　　Bera53'71'88'98'06'11'15f, Bera53'71'88'98'06f &
　　　Bera53'71'88'98'06'15f．
63. **左上から順に．**
　　　2004/8/12/：Bera53'71'83f & Bera53'71'83'04f，
　　　2007/2/6/：Bera53'71'83'04f．
　　　2009/7/13/：Bera53'71'83'04f．
　　　2010/5/9/：Bera53'71'83'04f &
　　　Bera53'71'83'04'10m，
　　　2012/7/16/：（左から）Bera53'71'83'02f &
　　　Bera53'71'83'02'12m, Bera53'71'83'04f &
　　　Bera53'71'83'04'12m，
　　　2016/3/14/：Bera53'71'83'04f，
　　　Bera53'71'83'04'14m．
64. **上．**1985/5/18/：Bera53f，
　　　下．2003/8/21/：Bera53'71f（通称ペット）．
65. **上から1段目．**1960年頃の撮影（推定）．
　　　（糸魚川直祐氏撮影）：Bera．
　　　上から2段目．1985/5/18/：Bera53f．
　　　上から3段目．2002/5/12/：Bera53'71f（ペット）．
　　　上から4段目．（左から）
　　　2007/7/5/：Bera53'71'79f．
　　　2016/5/1/：Bera53'71'88f．
　　　2006/3/21/：Bera53'71'92f．
　　　上から5段目．（左から）
　　　2006/3/21/：Bera53'71'79'87f．
　　　2006/7/21/：Bera53'71'79'96f．
　　　2006/7/21/：Bera53'71'79'98f．
　　　2006/3/31/：Bera53'71'79'00f．
　　　2006/3/14/：Bera53'71'88'94f．
　　　2006/7/21/：Bera53'71'88'96f．
　　　2006/3/21/：Bera53'71'88'98f．

　　　2007/2/28/：Bera53'71'92'99f．
　　　2007/4/15/：Bera53'71'92'01f．
　　　上から6段目．（左から）
　　　2017/12/13/：Bera53'71'79'87'00f．
　　　2006/3/21/：Bera53'71'88'94'00f．
　　　上から7段目．
　　　2018/2/16/：Bera53'71'79'87'00'08f．
　　　最下段．
　　　2018/2/15/：Bera53'71'79'87'00'08'14f．
66. 2006/7/21/：（左から）Bera53'71'79'98f &
　　　Bera53'71'79'98'06m, Bera53'71'79f，
　　　Bera53'71'79'96f & Bera53'71'79'96'06f．
67. 2011/7/12/：（左から）Bera53'71'92'01f，
　　　Bera53'71'92'01'06f（横になっているメス）&
　　　Bera53'71'92'01'06'11f, Bera53'71'92f．
68. 2010/7/27/：（左から）Tera68'73'85f，
　　　Tera68'73'85'96'02f（毛づくろいを受けているメス），
　　　Tear68'73'85'96f．
69. 2012/8/6/：（左から）Bera53'71'92'03'08f，
　　　Bera53'71'92'03f．
70. 2009/9/2/：（左から）Bara64'71'84'96f，
　　　Bara64'71'84'96'05f, Bara64'71'84'96'03f．
71. 2014/7/30/：（左から）Lisa57'72'78'94'04f，
　　　Lisa57'72'78'94'04'13f（つかまれている子ザル），
　　　Bera53'71'88'96f．
72. 2006 /9/26/：（左端）Bera53'71'88'96f，
　　　（中央奥）Bera53'71'88'98f，
　　　（中央手前）Bera53'71'92'99f &
　　　Bera53'71'92'99'06m，
　　　（右端）Bera53'71'88'94f．
73. 2006/7/26/：（左から）Bera53'71'88'98f &
　　　Bera53'71'88'98'06f, Kera55'61'68'82'98f &
　　　Kera55'61'68'82'98'06f．
74. 1991/6/5/：Kera55'61'70'83f，
　　　（右端の写真の後方のサル）Kera55'61'84f．
75. 1991/6/5/：Kera55'61'70'83f．
76. 1991/6/5/：（左から）Kera55'61'70'83f，
　　　Kera55'61'70'83'89f．
77. **2枚とも．**1991/6/5/（今川真治氏撮影）：
　　　Kera55'61'70'83f，
　　　（上の写真の右後方）Kera55'61'70'83'89f．
78. 1991/6/5/：Kera55'61'70'83f．

143

79. 2003/5/29/: Bara64'71'85'95f.

80. 2012/4/17: **4枚とも**. Bera53'71'79'87f & Bera53'71'79'87'12f（死仔）.

81. 上. 2015/3/8/ **下**. 2015/3/29/:
Bara64'71'84'96f &
Bara64'71'84'96'15（死仔, 性別不明）.

82. 2015/3/29/: Bara64'71'84'96f.

83. 2004/7/8/: **上**. Kera55'61'68'82'98f &
Kera55'61'68'82'98'04f,
下. Kera55'61'68'82'98'04f.

84. 2004/7/9/: Kera55'61'68'82'98f &
Kera55'61'68'82'98'04f.

85. 2004/7/9/: Kera55'61'68'82'98f &
Kera55'61'68'82'98'04f.

86. 2009/7/22/: Bara64'71'84'98'08f.

87. 2009/7/22/, **2枚とも**. Bara64'71'84'98f,
Bara64'71'84'98'08f.

88. 2009/7/28/: Bara64'71'84'98f,
Bara64'71'84'98'08f.

89. 1994/6/22/: Mora55'67'72'81f &
Mora55'67'72'81'94m（向かって右側の赤ん坊）.
向かって左側のオスの赤ん坊の名前は不明.

90. 2007/3/27: Lisa57'72'85'94'06m.

91. 上. 2007/5/3/: Bera53'71'88f（ペッパー）,
Lisa57'72'85'94'06m.
下. 2007/5/3/:（左から）Bera53'71'88f（ペッパー）,
Lisa57'72'85'94'06m.

92. 2007/5/1/:（左から）Bera53'71'88f（ペッパー）,
Lisa57'72'85'94'06m, Bera53'71'88'04f.

93. 2007/8/17/:（左から）Lisa57'72'85'94'06m,
Bera53'71'88f（ペッパー）,（奥）Bera53'71'88'04f
（オトナメスに毛づくろいしている子ザル）.

94. 2008/1/18/: Bera53'71'88f（ペッパー）,
Lisa57'72'85'94'06m.

95. 2008/4/3/:（左から）Bera53'71'88f（ペッパー）,
Lisa57'72'85'94'06m, Bera53'71'88'04f.

96. 2009/5/2/: Tera68'73'89f.

97. 左, 右ともに. 2007/2/6/: Bera53'71'92'99f &
Bera53'71'92'99'06m（右端の子ザルは個体名不明）.

98. 2018/1/20/: Bera53'71'92'99'05'13f.

99. 1995/3/14/: Bera60'70'80f.

100. 2018/2/16/: Tera68'73'89'97'06f.

101. 2013/8/26/: Bera53'71'88f（ペッパー）.

102. 左から. 2006/4/30/, 2011/2/27/, 2014/7/15/, 2017/11/1/: / Bera53'71'79'87f.

103. 上段左. 2007/12/7/:（左から）Bera53'71'79'87f,
Bera53'71'79'98f.
上段中央. 2010/9/11/:（左から）Bera53'71'79'87f,
Bera53'71'79'87'94m,
上段右. 2014/1/12/:（左から）Bera53'71'92'05m,
Bera53'71'79'87,
下段. 2014/7/15/:（左から）Bera53'71'79'87'00f,
Bera53'71'79'87'00'08f & Bera53'71'79'87'00'
08'14f, Bera53'71'79'87f.

104. 上. 2006/9/4/:（左から）Lipka62'72'83f,
Elza59'71'76'83f,
下. 2007/7/31/:（左から）Bara64'71'84f,
Kera55'61'84f.

105. 2015/3/29/:（左から）Bera53'71'88f（ペッパー）,
Bera53'71'88'96f.

106. 3枚すべて. 2008/7/21/: Mara68'84f（マッチ）,
Mara68'84'02'08f.

107. 2008/7/28/:
Mara68'84f（マッチ）（毛づくろいしているメス）,
Mara68'84'02f & Mara68'84'02'08f.

108. 上段. 2008/8/19/:
Mara68'84f（マッチ）, Mara68'84'02'08f.
中段. 2008/9/8/:
Mara68'84f（マッチ）, Mara68'84'02'08f.
下段. 2008/9/3/:
（右上方の2頭）Mara68'84f（マッチ）,
Mara68'84'02'08f,（右下）Mara68'84'02f.

109. 2008/7/11/:
上段.（左から）Tera68'73'85f,
Tera68'73'85'96'02f & Tera68'73'85'96'02'08m,
Tera68'73'85'96'07f, Tera68'73'85'96f &
Tera68'73'85'96'08m,
中段.（左から）Tera68'73'85'96f,
Tera68'73'85'96'07f,
（後方）Tera68'73'85'96'02f,
下段.（左から）Tera68'73'85f,

Tera68'73'85'96'07f, Tera68'73'85'96f & Tera68'73'85'96'08m.

110. **2枚とも.** 2008/7/11/: Tera68'73'85'96f, Tera68'73'85'96'07f.

111. 2008/8/19/: Tera68'73'85f, Tera68'73'85'96'07f,（奥）Tera68'73'85'96f,（右端）Tera68'73'85'96'08m.

112. 2009/4/1/:（左から）Tera68'73'85f, Tera68'73'85'96'07f, Tera68'73'85'96f & Tera68'73'85'96'08m.

113. 2008/8/19/: Tera68'73'85'96f & Tera68'73'85'96'08m, Tera68'73'85'96'07f.

114. 2009/9/18/:（左から）Tera68'73'85f, Tera68'73'85'96'07f, Tera68'73'89'97'02f.

115. 2010/9/5/:（左から）Tera68'73'85f, Tera68'73'85'96'07f, Tera68'73'85'96f.

116. 2006/7/21/: Bera53'71'79f.

117. 2006/7/28/: Bera53'71'79f.

118. 2007/2/6/:（左から）Bera53'71'79f, Bera53'71'79'00f & Bera53'71'79'00'05f.

119. 2007/7/5/: Bera53'71'79f.

120. **4枚すべて.** 2007/7/6/:
 上段左.（左から）Bera53'71'79f, Bera53'71'79'96f, Bera53'71'79'96'06f,
 上段右.（左から）Bera53'71'79f, Bera53'71'92f,
 下段左.（左から）Bera53'71'79'00'05f, Bera53'71'79f, Bera53'71'79'00f,
 下段右.（手前）Bera53'71'79'87f, Bera53'71'79f.

121. 2007/8/11/:（左から）Bera53'71'79f, Bara64'71'84'98f.

122. 2007/8/12/:（左から）Bera53'71'79'98f & Bera53'71'79'98'07m, Bera53'71'79'00f, Bera53'71'79'96f.

123. 2004/12/27/: Bera53'71'92f（写真右下, 毛づくろいをしているメス）, Bera53'71'83'93m（写真右下, 毛づくろいを受けているオス）.

124. 2007/12/7/: 年齢不詳のハナレオス.

125. 2012/4/9/:（手前）Bera53'71'92'05m,（奥）Bera53'71'92'99'06m.

126. 2015/7/12/:（左端）Bera53'71'92'99'06m,（右端）Bera53'71'88'96'03m.

127. **上段左.** 2011/4/4/:（左から）Bera53'71'88'02m, Bera53'71'88'03m, Bera53'71'88f（ペッパー）.
 上段右. 2007/11/8/:（手前）Bera53'71'88'02m,（奥）Bera53'71'79'87'94m,
 下段左. 2012/4/9/:（左から）Bera53'71'92'05m, Bera53'71'88'03m,
 下段右. 2013/8/26/:（左から）Bera53'71'92'99'06m, Bera53'71'88'08m.

128. 2010/11/20/:（上）Bera53'71'79'87'94m, Bera53'71'88'96'03m.

129. 2014/9/6/: Bera53'71'92'99'06m.

130. 2007/7/25/: Bera53'71'88'00m.

131. **上から.** 2007/10/4, 2007/11/8/: Bera53'71'88'00m.

132. 2004/3/1/:（手前）Bera53'71'90m,（奥）Kera55'61'68'82f.

133. 2004/5/8/:（手前）Bera53'71'83f,（奥）Bera53'71'83'93m.

134. 2004/6/17/:（手前）Bera53'71'90m,（奥）Bera53'71'83'93m.

135. 2018/2/16/:
 上.（左から）Bera53'71'92'05m, Tera68'73'92'08f,
 下.（上）Bera53'71'92'05m, Tera68'73'92'08f.

136. **上.** 2006/7/8/: Bera53'71'79'94m, Bara64'71'84'96'05f,
 下. 2006/6/1/: Bera53'71'79'94m, Bara64'71'84'96'05f.

137. 1993/5/6/: Kera55'61'75m（ケイリオ）, Tera68'73'92f.

138. **左.** 2002/1/26/: Kera55'61'75m（ケイリオ）, Tera68'73'92'01f,
 右上段. 2002/4/4/: Kera55'61'75m（ケイリオ）, Tera68'73'92'01f,
 右下段. 2002/7/4/: Kera55'61'75m（ケイリオ）, Tera68'73'92'01f.

139. 2003/8/9/:
 （手前）Kera55'61'75m（ケイリオ,横たわっている遺体），

(後方左から) Kera55'61'84'96'02f,
Kera55'61'84'96f, Kera55'61'84f,
Bera53'71f（ペット）.

140. 2003/8/9/:（左から）Tera68'73'92'01f,
Kera55'61'75m（ケイリオ, 遺体）.

141. 2012/4/9/:（手前）Bera53'71'92'01'06f,
（奥）Bera53'71'88'03m.

142. 1999/10/8日/（写真中央）Kera55'61'75m
（ケイリオ）.

143. **上段左から.** 最初の3枚は糸魚川直祐氏撮影.
1958年から1964年までの間に撮影: Romeo,
1964年から1970年の間に撮影: Gabo,
1970年から1976年の間に撮影: Rika58'62m.
1992/4/7/: Rika60'65m（リキニオ）,
1994/2/5/: Fera62'70m（フェリオ）,
1995/11/25/: Fena70m（フェニオ）,
1995/11/25/: Kera55'61'75m（ケリイオ）.
2004/3/1/: Bera53'71'90m,
2004/11/1/: Bera53'71'83'93m.
下段左から. 2006/8/22/: Bera53'71'83'97m,
2006/8/22/: Bera53'71'88'00m,
2011/7/12/: Bera53'71'88'03m,
2018/1/20/: Bera53'71'92'05m.

144. 2004/11/9/: Bera53'71'83'93m.

145. 2006/8/22/:（左から）Bera53'71'88'00m,
Bera53'71'92f.

146. 1989/9/29/: Rika60'65m（リキニオ）.

147. 1991/5/30/: Rika60'65m（リキニオ）.

148. 1991/1/24/: Rika60'65m（リキニオ）,
Kera55'61'84'90f（子ザル）.

149. 1992/11/18/: Rika60'65m（リキニオ）.
マウントされているメスは不明.

150. 1993/5/21/: Rika60'65m（リキニオ）.

151. 1993/7/6/: Rika60'65m（リキニオ）.

152. 1993/7/9/:
上段.（左端）Fena70m（フェニオ）,
（中央前）Fera62'70m（フェリオ）,
（中央奥）Masa54'72f.
中段.（左端）Fena70m（フェニオ）,
（中央前）Fera62'70m（フェリオ）,
（中央奥）Masa54'72f,
（右端）Rika60'65m（リキニオ）.
下段.（左から）Fena70m（フェニオ）,
Masa54'72f, Rika60'65m（リキニオ）.

153. 1993/7/6/:（左から）Bera53'71'92f,
Rika60'65m（リキニオ）, Bera53'71f.

154. 1993/8/5/:（左から）Fera62'70m（フェリオ）,
Rika60'65m（リキニオ）.

155. 1993/8/7/（午前8時58分）:
（左から）Bera53'71'92f, Bera53'71f（ペット）&
Bera53'71'93m, Rika60'65m（リキニオ）.

156. 1993/8/7/（正午頃）:
（左から）Fera62'70m（フェリオ）,
Rika60'65m（リキニオ）, Bera53'71f（ペット）.

157. 1993/8/7/（14時45分）:
（左から）Fera62'70m（フェリオ）,
Bera53'71f & Bera53'71'93m.

158. 1993/11/25/:（左から）Bera53'71f（ペット）,
Fera62'70m（フェリオ）.（2頭の子ザル, 左から）
Bera53'71'92f, Bera53'71'93m.

159. **左から.** 2001/5/1/, 2006/7/26/,
2011/4/4/, 2015/7/12/: Bera53'71'79'87'94m.

160. 2004/8/12/:（左から）Bera53'71'79'87f,
Bera53'71'79'87'94m.

161. 2006/8/29/: Bera53'71'798794m.

162. 2006/11/15/:（左から）Bera53'71'79'87'94m,
Bera53'71'79'87f, Bera53'71'79'87'00f.

163. 2007/7/24/:（左から）Masa54'72'78'91f,
Bera53'71'79'87'94m.

164. 2010/4/4/:（手前）Bera53'71'79'87'94m,
Bera53'71'79'87f.

165. 上. 2007/12/27/:（左から）Bera53'71'88f（ペッパー）,
Bera53'71'79'87'94m,
下. 2007/12/27/:（上から）Bera53'71'79'87'94m,
Bera53'71'88f（ペッパー）.

166. 2010/4/5/:（上から）Bera53'71'88'00m,
Bera53'71'79'87'94m.

167. **左から.**
2006/7/28/:（左から）Bera53'71'79'87'94m,
Tera68'73'89'97'06f,
2007/3/18/: Bera53'71'79'87'94m,
Tera68'73'89'97'06f,
2010/4/5/:（左から）Bera53'71'79'87'94m,

Tera68'73'89'97'06f,
2011/4/11/:（下）Bera53'71'79'87'94m,
Tera68'73'89'97'06f.

168. 2015/7/29/: Bera53'71'79'87'94m.
169. 2015/7/13/:（左から）Bera53'71'79'87'94m, Bera53'71'82'99'06m.
170. 2015/8/10/:（左から）Bera53'71'79'87'94m, Bera53'71'79'87f.
171. 2016/3/13/: Bera53'71'79'87'94m.
172. 2017/5/1/: Bera53'71'79'87'94m.
173. 2015/8/22/:（左から）Tera68'73'89'97'06f & Tera68'73'89'97'06'15f, Bera53'71'79'87'94m.
174. 左から．
2006/4/22/: ワオキツネザル（日本モンキーセンター），
2013/7/7: リスザル（Apenhul, オランダ），
2007/2/27/: Bera53'71'88'96f,
Bera53'71'83'95'06m,
1997/12/15/: オランウータン（Josephine & Satu, San Diego Zoo, アメリカ），
2011/11/28/: ゴリラ（Kokamo & Monroe, San Diego Zoo Safari Park, アメリカ），
2008/10/12/: チンパンジー（Bianca & Zanto, Singapore Zoo, シンガポール），
1992/3/22/: ヒト母子（3カ月齢）．
175. 上. 2018/1/20/: Bera53'67'82'91'01f,
下. 2015/7/29/: Bara64'71'84'96'06f.
176. 上. 2018/1/18/: Elza59'73'85'04f,
下. 2015/7/29/: Bara64'71'84'96'06f.
177. 左. 2014/1/25/: 個体名不明，
右. 2006/3/21/: Bera53'71'79'00f & Bera53'71'79'00'05f.
178. 2018/1/20/: Tera68'73'85'96f.
179. 左. 2007/2/27/: Bera53'71'88'96f, Bera53'71'83'95'06m,
右. 1992/3/22/: ヒト母子（3カ月齢）．
180. 2006/10/25/:（左から）Bera53'71'88'96'03m, Bera53'71'88'96f, Bera53'71'83'95'06m.
181. 2007/3/26/:（左から）Bera53'71'88'98f & Bera53'71'88'98'06f, Bera53'71'88'98'03f.
182. 2011/4/4/: Bera53'71'83'02f.
183. 2015/3/29/: Bera53'71'92'03'08f & Bera53'71'92'03'08'14m.
184. 2018/1/20/: Bera53'71'88'98'06'11f.
185. 左. 2010/7/27/: Bera53'71'83'04,
右. 2016/7/27/: Bera53'71'88'98'10f.
186. 2012/8/17/:（左から）Bera53'71'88'98f, Bera53'71'88'98'10f.
187. 上. 2011/8/17/,
下. 2011/11/18/: Bera53'71'88'03m.
188. 2016/3/12/:（山田一憲氏撮影）
189. 左. 1966年頃:（比較行動学研究室所蔵の写真），
右. 2011/3/29/.
190. 左. 1957年から1958年頃:
（比較行動学研究室所蔵の写真），
右. 2009/1/10.

写真を提供していただいた糸魚川直祐氏，今川真治氏，山田一憲氏に感謝します．

中道正之（なかみち まさゆき）

略歴

京都府生まれ。1984年大阪大学大学院人間科学研究科博士課程修了、1986年学術博士。大阪大学大学院人間科学研究科准教授を経て、2007年から同教授。2014年から2016年まで、同研究科長。2015年7月から日本霊長類学会会長（2019年7月まで）。40年以上にわたり、野生ニホンザル集団の中で暮らすサルの顔を覚え、「誰が誰に何をしたか」を記録しながら、サルの行動発達や子育て、老いなどをテーマに研究を継続。1996年からは動物園で暮らすゴリラの観察も実施している。最近は、動物園で暮らす大型野生動物の子育てなども観察している。

主著

『ゴリラの子育て日記』（昭和堂、2007年）
『サルの子育て ヒトの子育て』（KADOKAWA（角川新書）、2017年）

写真でつづるニホンザルの暮らしと心
岡山・神庭の滝の群れの60年

発行日	2019年3月29日　初版第1刷　〔検印廃止〕
著者	中道正之
発行所	大阪大学出版会
	代表者　三成賢次
	〒565-0871
	大阪府吹田市山田丘2-7　大阪大学ウエストフロント
	電話：06-6877-1614（直通）　FAX：06-6877-1617
	URL：http://www.osaka-up.or.jp
ブックデザイン	成原亜美
印刷・製本	株式会社 シナノ

ⒸMasayuki Nakamichi 2019
Printed in Japan
ISBN 978-4-87259-680-9　C1045

JCOPY〈出版者著作権管理機構 委託出版物〉
本書の無断複製は著作権法上での例外を除き禁じられています。複製される場合は、その都度事前に、出版者著作権管理機構（電話03-5244-5088、FAX 03-5244-5089、e-mail: info@jcopy.or.jp）の許諾を得てください。